LA RÉVOLUTION DU LIVRE NUMÉRIQUE

« PENSER LA SOCIÉTÉ »

Collection dirigée par Luc Ferry, président délégué du Conseil d'analyse de la société.

« Penser la société » publie les essais et rapports écrits par des membres du Conseil d'analyse de la société ou par des auteurs qu'il a sollicités sur les questions de société de toute nature qui font aujourd'hui débat : des tranformations de la famille moderne aux enjeux bioéthiques, en passant par les défis du développement durable, de l'éducation ou de la mondialisation… Les ouvrages de la collection s'attachent à présenter des synthèses originales, claires et approfondies, associées à des propositions de réformes ou d'initiatives politiques concrètes.

Le Conseil d'analyse de la société a pour mission d'éclairer les choix et les décisions du gouvernement dans tout ce qui touche les faits de société. Il est composé de trente-deux membres, universitaires, chercheurs, artistes, représentants de la société civile de toutes sensibilités politiques, dans les domaines des sciences humaines.

LA RÉVOLUTION DU LIVRE NUMÉRIQUE

État des lieux, débats, enjeux

avec
Marc Tessier, Bruno Racine, Jean-Noël Jeanneney,
François Samuelson, Bernard Fixot, Teresa Cremisi

Introduction de Luc Ferry

Entretiens réalisés par Claude Capelier,
Éric Deschavanne et Alexandra Laignel-Lavastine

Ouvrage coordonné
par Alexandra Laignel-Lavastine

© ODILE JACOB, MAI 2008
15, RUE SOUFFLOT, 75005 PARIS

www.odilejacob.fr

ISBN : 978-2-7381-2575-0
ISSN 1968-1194

Introduction

Luc Ferry

Le rêve, jusque-là chimérique, d'une Bibliothèque universelle, librement accessible à tous, en tout lieu et à tout moment devient, grâce aux ordinateurs et à Internet, un objectif réaliste dans un délai raisonnable, pour peu que les acteurs publics et privés capables de le réaliser parviennent à harmoniser leurs efforts au bénéfice de l'intérêt général. La perspective d'une numérisation massive, rapide et systématique des œuvres laisse espérer la mise à disposition progressive sur le réseau de l'ensemble du patrimoine écrit de l'humanité, y compris les œuvres nouvelles qui viendront aujourd'hui ou demain l'enrichir. Nul ne contestera le formidable progrès démocratique et culturel que représente la possibilité pour chacun de lire gratuitement, sur son écran, n'importe quel ouvrage du domaine public ou encore de se procurer à moindre coût, en raison des économies de papier, de stockage et de distribution, les œuvres récentes protégées par le droit d'auteur. Pourtant, malgré l'enthousiasme que suscite, quant au principe, une telle démocratisation de l'accès aux livres, les conditions actuelles dans lesquelles cette idée prend corps déclenchent, de divers horizons, plusieurs levées de boucliers, appuyées sur de sombres prophéties touchant la déstabilisation de l'économie du livre, l'avenir de la création, le risque de marginalisation définitive de la haute culture en général et de ses expressions francophones en particulier. Comment comprendre et, si possible, dépasser ce paradoxe ?

Le rêve de la bibliothèque numérique universelle est-il voué à se transformer en cauchemar ou bien peut-on le sauver en combattant ses éventuels effets pervers ? Pour cerner les difficultés, repérer les lignes de force du débat et tenter de dégager les meilleures solutions, nous avons réuni quelques-uns des meilleurs spécialistes de la question. Leurs analyses, leurs propositions, voire leurs actions ont contribué, et contribuent encore, à orienter les décisions ou les politiques suivies en la matière. Certes, les études, pamphlets et rapports de grande qualité sur le sujet ne manquent pas[1], mais on trouvera ici, pour la première fois, une confrontation raisonnée et synthétique des principaux points de vue, où chacun est amené à répondre avec précision aux objections des autres. Nous nous sommes efforcés de ne faire l'impasse sur aucun des grands problèmes posés par le livre numérique, qu'ils tiennent à l'avenir de la culture, à la politique, à l'économie, au droit (droit d'auteur, téléchargement illégal, législation sur le prix du livre, etc.) ou à la technique. Nous avons néanmoins veillé, et c'est une autre originalité de cet ouvrage, à ce qu'ils

---

1. Voir notamment l'excellente étude de Françoise Benhamou et Olivia Guillon, « Modèles économiques d'un marché naissant : le livre numérique », ministère de la Culture et de la Communication, *Culture-Prospective*, téléchargeable sur le site : http://www.culture.gouv.fr/deps. Cette étude a été réalisée en 2010.

soient constamment appréhendés en fonction des finalités essentielles : les avantages attendus pour les lecteurs, pour les créateurs, pour la conservation et la diffusion du patrimoine. Autant d'enjeux qui impliquent de faire aux éditeurs et aux libraires la place qu'ils méritent.

L'annonce par Google, le 14 décembre 2004, d'une initiative visant à numériser 15 millions de livres en six ans, a relancé, comme jamais, les craintes, les espoirs et les polémiques qui s'étaient brièvement fait jour, au tournant du siècle, lors du lancement des premières « liseuses digitales ». Mais elle a aussi radicalisé et déplacé le cœur du débat : aux interrogations sur l'éloignement de la « galaxie Gutenberg », le renouvellement possible des formes d'expression ou la transformation des habitudes de lecture succède la peur d'une mainmise mercantile de quelques entreprises multinationales sur la diffusion du patrimoine écrit, voire d'une domination bientôt exclusive de la civilisation anglo-saxonne en la matière.

L'ambition du nouveau projet, sans commune mesure avec ce qui s'était fait jusque-là, avait, en tout cas, de quoi ébranler les certitudes les mieux ancrées : rappelons, pour donner un ordre de comparaison, que la Bibliothèque nationale de France (BNF), pourtant considérée comme en pointe dans ce domaine parmi ses pairs, aura dû attendre février 2010 pour faire savoir qu'elle venait de numériser son millionième document, alors qu'elle avait entrepris l'informatisation de ses collections dès 1992 ; Google Livres en propose aujourd'hui 7 millions, dont 1,5 million téléchargeables sur portable. Forte de sa puissance économique et de ses réussites technologiques, la firme faisait ainsi une entrée fracassante dans la diffusion par Internet des œuvres écrites. Elle entendait, de surcroît, passer outre, au moins dans un premier temps, les obstacles légaux ou contractuels susceptibles de ralentir la réalisation de son plan. C'est ainsi qu'elle a cherché à imposer la confidentialité de ses accords avec les bibliothèques partenaires, exigé des clauses d'exclusivité sur les fichiers réalisés et leur indexation sur ses sites, ou numérisé des ouvrages sous droits, sans l'accord des auteurs ou des ayants droit, au prétexte que la procédure retenue empêchait de faire le tri avec les œuvres tombées dans le domaine public. Avalanche de protestations, procès en série, floraison de rapports. Google allait-il faire main basse sur le patrimoine historique des bibliothèques, dépouiller les auteurs et les éditeurs de leurs droits ? L'accès gratuit aux œuvres proposé par Google aux internautes, appuyé sur un modèle économique fondé sur l'exploitation de liens publicitaires, ne préparait-il pas la mort du secteur du livre, à l'instar du piratage qui pénalise déjà si durement les industries audiovisuelles ? En mars 2011, ces craintes se sont certes un peu apaisées avec la décision très attendue rendue par la justice américaine (en délibération depuis un an), un jugement défavorable à Google et favorable aux auteurs comme aux éditeurs qui s'estimaient spoliés par la firme californienne.

Si Google se trouve ainsi freiné dans ses ambitions, un contexte de défiance générale, sinon d'appel à l'union sacrée, n'en perdure pas moins. Face à cette situation, trois types de stratégies, s'agissant de la numérisation du patrimoine, se sont opposés.

Bruno Racine, président de la Bibliothèque nationale de France, a proposé d'explorer la possibilité d'un « partenariat exigeant » avec Google : il souhaitait confier à la firme américaine, pourvu qu'elle accepte de réduire la durée de l'exclusivité des droits d'indexation et de propriété qu'elle se réserve sur les fichiers, la numérisation d'ouvrages qu'elle se déclarait prête à réaliser rapidement, pour pouvoir réaffecter le budget ainsi économisé sur des projets que la BNF était seule à pouvoir piloter : numérisation de documents rares, amélioration des moteurs de recherche et des métadonnées, entretien et modernisation des fichiers, etc. L'idée était également d'assurer un surcroît de visibilité à notre patrimoine *via* le moteur de recherche le plus consulté. Les violentes contestations suscitées par cette démarche ont empêché qu'elle n'aboutisse.

En complet désaccord avec cette option, Jean-Noël Jeanneney, lui-même ancien président de la BNF, tient que le principe de l'inaliénabilité de notre patrimoine implique que les pouvoirs publics ne sauraient déléguer leur responsabilité en matière de numérisation de l'écrit ni partager la propriété des fichiers avec d'autres acteurs. Il plaide donc pour une action volontariste sur fonds publics, en concertation avec nos partenaires européens, et pour le développement d'un moteur européen concurrent de Google.

Les obstacles économiques, diplomatiques et pratiques que rencontre ce parti pris, sans parler du risque que Google n'accroisse progressivement son avance, ne lui semblent pas une objection suffisante mais, au contraire, une invitation à agir plus résolument. Certes, la bibliothèque européenne Europeana n'est encore qu'un portail renvoyant aux bibliothèques partenaires très inégalement présentes et proposant des fichiers constitués selon des normes fort hétérogènes ; quant à Gallica, la plate-forme française, on entend ici et là critiquer la complexité de son moteur de recherche. Jean-Noël Jeanneney y voit une invitation à faire plus et mieux, non à confier une part de la tâche à des partenaires privés. D'autant qu'il lui semble crucial de proposer à l'internaute des réponses organisées selon des critères culturels élaborés par des experts, plutôt qu'une offre « en vrac », hiérarchisée en fonction des seuls liens établis spontanément par les internautes, comme c'est largement le cas dans les référencements sur Google. Il considère, en effet, que c'est la seule manière de remplir correctement la fonction éducative d'une bibliothèque, particulièrement auprès des publics peu cultivés.

C'est là un autre désaccord avec Bruno Racine, qui, non sans raisons et arguments, juge la présentation « en vrac » plus intuitive et plus souple d'utilisation, quitte à recourir à d'autres outils d'exploration si l'on entreprend une recherche plus ciblée.

Marc Tessier s'est efforcé, dans le rapport qui lui avait été demandé sur ce thème, de concilier le pragmatisme éclairé et convaincant de Bruno Racine avec les principes défendus par Jean-Noël Jeanneney. Il propose un système d'échange de fichiers entre Google et les bibliothèques publiques, sur la base d'un pour un, sans droit d'exclusivité entre les partenaires. Cette contribution a été saluée par toutes les parties, qui y voient « un bon point de départ pour relancer la discussion », même s'il est clair qu'elles ne s'accordent toujours pas sur le but à atteindre !

Ce bref rappel, si schématique soit-il, des positions des uns et des autres suffit à faire sentir comment les questions initiales, à commencer par celle qui concerne l'accès de tous à la bibliothèque universelle, se trouvent progressivement subordonnées à des oppositions que l'on tient pour préalables sur le plan des principes : privé contre public (réputé seul garant de l'intérêt général) ; mondial (américain) contre européen (français) ; moteur de recherche

« grégaire », fournissant des liens en vrac, contre moteur de recherche savant proposant une information préélaborée, etc. On lira avec le plus grand intérêt les arguments des uns et des autres sur ces différents aspects du problème. Ils sont ici exposés avec une clarté d'autant plus grande qu'à ce stade du débat, les différents protagonistes connaissent parfaitement les différentes argumentations en présence.

Reste que la situation évolue très rapidement. Les dépêches nous apprennent que Google signe désormais des accords qui tendent à réduire considérablement, voire dans certains cas, semble-t-il, à écarter une part croissante des droits d'exclusivité qu'il se réservait encore voici peu. D'autres acteurs, Amazon et Apple notamment, déploient des stratégies concurrentes, appuyées sur les bibliothèques numériques qu'ils développent à l'usage des utilisateurs de leurs tablettes respectives (Kindle et iPad).

Face à ces nouvelles formes de concurrence, encore embryonnaires (10 % du marché global de l'édition aux États-Unis, 6 % au Japon, moins de 1 % en France) mais en forte croissance, les éditeurs et les libraires tentent de s'organiser, même si la diversité des entreprises et la multiplicité des intérêts rendent difficile le ralliement à une ligne commune. En dépit du souhait maintes fois exprimé de voir naître une plate-forme unique pour l'offre légale de livres numériques en France, on en recense aujourd'hui trente et une, dont quatre principales ! Les distributeurs et les libraires se plaignent de la difficulté pour eux et pour les lecteurs d'accéder, dans ces conditions, aux ouvrages numérisés par les éditeurs (environ 60 000 pour 650 000 titres en format papier). Afin de pallier les problèmes induits par cet éclatement des structures et des métiers qui touchent directement ou indirectement à la « chaîne du livre », Christine Albanel propose très judicieusement dans son rapport d'avril 2010 la création d'un groupement d'intérêt économique (GIE) du livre français qui rassemblerait en son sein partenaires publics et privés, avec tous les acteurs du monde du livre. Une telle structure aurait vocation à porter une politique commune de numérisation, de diffusion et de partenariat avec les grands moteurs de recherche. Elle devrait également favoriser la constitution d'un portail interprofessionnel qui permettrait de faire le lien entre les plates-formes des éditeurs et des libraires. Le progrès serait indéniable. Reste qu'il serait imprudent de ne pas tenir compte du déséquilibre inévitable entre la capacité de réactivité d'une puissante firme indépendante et les lourdeurs qu'engendrent nécessairement les conflits d'intérêts dans les structures fédératives : mieux vaudrait sans doute anticiper le problème plutôt que de devoir en pleurer les conséquences. Cela suppose d'intégrer plus systématiquement dans nos choix les réactions prévisibles des autres acteurs.

Cette réflexion vaut également pour le projet, tout à fait justifié, d'étendre la loi Lang (sur le prix unique du livre papier) au livre numérique, afin d'éviter le dumping que certaines plates-formes sont tentées de pratiquer. La loi votée par l'Assemblée nationale en février 2011 stipule bien que le prix de vente du livre numérique (dont la TVA sera ramenée à 5,5 % à compter de janvier 2012) « s'impose aux personnes établies en France, proposant des offres de livres numériques aux acheteurs situés en France ». Il a fallu renoncer à imposer cette obligation aux plates-formes établies à l'étranger, en raison des réserves émises par la Commission européenne sur une disposition visant à les soumettre à la même obligation. Force sera donc, soit de chercher les meilleurs moyens de gérer les détournements possibles de l'esprit de la loi, soit de nous employer à convaincre nos partenaires européens de rejoindre notre position sur ce point.

On voit, à travers les quelques exemples que nous venons d'évoquer (mais bien d'autres sont analysés dans les pages qui suivent), combien les questions soulevées par la numérisation de l'écrit sont diverses et souvent délicates à résoudre. La difficulté est alors de ne pas perdre de vue le sens du projet et les services extraordinaires que sa réalisation rapide peut rendre à chacun. C'est pourquoi tous ceux qui ont participé à ce recueil (et que nous présenterons plus avant dans les brèves notices qui précèdent leurs contributions) ont accepté d'analyser avec nous toutes les questions, même les plus techniques en apparence, du point de vue du défi qu'il s'agit de relever : offrir à tous, au plus vite, un accès immédiat à la plus grande part possible de notre patrimoine écrit.

Qu'ils soient chaleureusement remerciés pour leur contribution éclairée à un débat essentiel pour l'avenir de la culture qui est d'abord celle de l'écrit. Qu'on me permette aussi de dire combien cet ouvrage doit au talent d'Alexandra Laignel-Lavastine et de Claude Capelier qui ont fait pour le réaliser un travail d'enquête et de réflexion d'une ampleur et d'une profondeur considérables. Le lecteur curieux, les professionnels du livre, les « décideurs » auront ainsi toutes les cartes en main pour se faire une opinion.

L'Europe ne saurait confier l'avenir « numérique » de son patrimoine écrit à un seul opérateur privé !

Entretien avec Marc Tessier

On se souvient de la vive controverse qui, au cours de l'été et de l'automne 2009, avait éclaté à la une de nos journaux après l'effet de choc provoqué par un article de *La Tribune* publié le 18 août et titré : « Livres en ligne : Google a gagné ! » Le quotidien économique faisait état de discussions entre la Bibliothèque nationale de France (BNF) et le célèbre moteur de recherche américain, révélant que la prestigieuse institution pourrait envisager de confier à la firme californienne la numérisation et la mise en ligne de son gigantesque fonds, soit plus de 14 millions de livres et imprimés. La BNF qui, sous la présidence de Jean-Noël Jeanneney (2002-2007), s'était longtemps opposée aux ambitions de Google, aurait donc changé d'avis sous l'impulsion de son successeur, Bruno Racine (l'un et l'autre précisent leurs positions et s'en expliquent plus loin). En septembre, lors d'un séminaire sur le numérique, le Premier ministre François Fillon prenait quant à lui parti en faveur de la nouvelle politique de la BNF : « On s'est récemment ému que la BNF ose discuter avec Google au sujet de la numérisation de ses fonds d'ouvrages. Ce qui serait choquant, c'est qu'elle ne le fasse pas », estimait-il. Entre-temps, on apprenait que la bibliothèque municipale de Lyon (BML), suivie depuis par d'autres bibliothèques publiques européennes (voir encadré page 31), avait fait affaire avec Google, lui concédant vingt-cinq ans d'exclusivité sur l'exploitation numérique de ses fichiers. Nouveau scandale : en octobre 2009, Antoine Gallimard s'indignait ainsi dans *Le Monde* qu'« une bibliothèque classée comme celle de la ville de Lyon ait pu accepter de faire la courte échelle à Google, au prétexte qu'une institution moderne doit être numérique coûte que coûte ».

C'est dans le cadre de cette polémique qu'il convient de resituer l'annonce (en décembre 2009), par le président de la République, Nicolas Sarkozy, de son intention d'allouer 750 millions d'euros à la numérisation du patrimoine culturel français. Une semaine plus tôt, le chef de l'État avait déjà affirmé qu'il n'était « pas question de nous laisser déposséder de notre patrimoine au bénéfice d'un grand opérateur, si sympathique soit-il, si important soit-il, si américain soit-il ».

En vérité, l'ensemble de l'affaire remonte au 14 décembre 2004, date à laquelle Google avait fait part au monde de son projet pharaonique de numériser 15 millions de livres en six ans, objectif atteint début 2011, ces 15 millions de livres provenant de 35 000 éditeurs et de 40 bibliothèques. Serge Brin et Larry Page, ses cofondateurs, ajoutaient que plusieurs accords avaient d'ores et déjà été conclus avec de grandes bibliothèques, dont celles de Stanford et du Michigan, mais aussi avec la prestigieuse bibliothèque Bodléienne d'Oxford, en Angleterre. D'où un long feuilleton juridique amorcé en 2006. De nombreux auteurs et éditeurs français ont décidé de porter plainte contre l'entreprise, ulcérés de constater que Google Books avait numérisé des centaines de milliers de livres francophones protégés, dont de larges extraits étaient mis en ligne, sans demander au préalable l'autorisation des ayants droit. C'est donc dans ce climat relativement tendu qu'à l'automne 2009, le ministre de la Culture, Frédéric Mitterrand, a chargé Marc Tessier d'une mission d'abord vouée à faire des propositions sur la pertinence d'un partenariat entre la BNF et Google, et finalement élargie à la numérisation du patrimoine écrit.

Énarque et polytechnicien, Marc Tessier, né en 1946, a dirigé France Télévisions de 1999 à 2005. Il a pris part au lancement de Canal+ au début des années 1980 avant de diriger le Centre national de la cinématographie (CNC). En février 2007, le ministère de la Culture lui confie un rapport sur *La Presse au défi du numérique*, après quoi François Fillon le charge, en 2009, d'une mission de réflexion sur la radio numérique terrestre. En octobre de cette même année, Marc Tessier, qui préside aujourd'hui la société VideoFutur Entertainment Group, engagée dans les nouveaux médias numériques (VOD), se voit donc derechef confier par le ministère de la Culture un rapport sur *La Numérisation du patrimoine écrit*, autrement dit des fonds patrimoniaux abrités par les bibliothèques françaises. Le rapport, rédigé en étroite collaboration avec Sophie-Justine Lieber, fut remis à Frédéric Mitterrand en janvier 2010. Sous la présidence de Marc Tessier, une mission s'est donc réunie du 19 octobre 2009 au 7 janvier 2010 pour auditionner une trentaine d'acteurs, dont plusieurs représentants de grandes bibliothèques étrangères. Ce rapport s'articule en trois temps : un état des lieux des principales bibliothèques numériques, une analyse critique des accords passés entre les bibliothèques et Google et, enfin, les actions envisageables pour l'avenir.

La mission déclinait ses propositions selon trois axes : (1) les changements et améliorations à apporter à Gallica, la bibliothèque numérique de la BNF, inaugurée en 1998 et passée, en 2005, à une politique de numérisation « de masse » donnant aujourd'hui accès à plus de 1 million de documents ; (2) une proposition de partenariat avec Google Livres ou Google Books, un outil qui stocke et indexe le contenu des livres scannés, traités et stockés au format numérique par la société Google. Mais à condition, souligne-t-il, que ce partenariat passe par un échange de fichiers numérisés, sans exclusivité sur les fichiers échangés, et qu'il se développe aussi en direction des éditeurs ; (3) enfin, la relance d'une impulsion européenne, tant en direction des autres bibliothèques du Vieux Continent que du portail Europeana, ouvert en 2008, et dont le but est d'offrir un accès gratuit au patrimoine numérique européen, 10 millions de documents devant d'ores et déjà être mis en ligne.

Depuis, la commission des finances du Sénat a repris une bonne partie des recommandations formulées par Marc Tessier. Le rapport de Yann Gaillard (UMP), rendu public en mars 2010, jugea ainsi « indispensable » un recours aux services du moteur de recherche américain pour numériser les ouvrages de la BNF. Selon le sénateur, au vu des moyens dont dispose actuellement la BNF, il faudrait investir pas moins de 750 millions d'euros sur une période de 375 ans pour que celle-ci parvienne à numériser ses collections.

Signe que la perspective d'un partenariat « gagnant-gagnant » avec Google Livres n'est pas forcément illusoire, on apprend à l'automne 2010 que la bibliothèque de l'Université de Virginie vient d'obtenir des aménagements dans son partenariat avec Google. Les contreparties exigées ont en effet été revues à la baisse. Si ces éléments n'ont fait l'objet d'aucun commentaire en France, ils attestent qu'un nouveau type de rapports, plus équilibrés, est peut-être en train de se mettre en place outre-Atlantique.

A. L.-L.

Pourriez-vous revenir sur les principales orientations préconisées dans votre rapport de mars 2010 et sur les chances qu'elles ont d'aboutir au vu des évolutions les plus récentes ? Autre point sur lequel il est parfois difficile de se retrouver : quelles sont les réelles exigences de la firme américaine Google dans les accords proposés aux grandes bibliothèques françaises, dont la Bibliothèque nationale de France (BNF) ou la bibliothèque municipale de Lyon (BML), des projets qui ont suscité une vaste polémique au cours de la seconde moitié de l'année 2009 ?

Pour bien comprendre les enjeux liés aux accords ou aux projets d'accords envisagés entre Google d'une part, la BNF et la bibliothèque municipale de Lyon d'autre part, il faut partir du mode d'utilisation des réseaux Internet par le grand public. De fait, l'émergence de ces nouvelles plates-formes de livres numériques est directement liée au développement d'usages spécifiques à la recherche sur la Toile. L'essor de l'Internet entraîne en effet de profonds changements dans les modes d'accès au savoir et à l'information.

CONSULTER UN LIVRE SUR LE NET :
USAGE PROFESSIONNEL
ET USAGE GRAND PUBLIC

En première analyse, on peut distinguer deux grands modes d'accès. Il y a d'abord celui des universitaires et des chercheurs, des professionnels qui, eux, ont le réflexe de se rendre directement sur les sites des bibliothèques spécialisées, dont ils connaissent les références. C'est ce que j'appellerai l'usage professionnel. Une fois sur le site de la BNF ou sur sa plate-forme, Gallica, un enseignant ou un étudiant pourra aisément s'orienter grâce à toutes sortes de métadonnées bibliographiques (éléments de description des ouvrages) déjà constituées dans un catalogue multimédia riche de plus de 10 millions de notices. Ce catalogue est le produit de près de deux siècles d'efforts par des documentalistes expérimentés et d'une culture bien particulière qui constitue l'atout irremplaçable des grandes institutions patrimoniales. Quant aux notices les plus récentes, elles sont rédigées dans un format bibliographique très détaillé dont la valeur est unanimement reconnue.

L'usage le plus répandu au sein du grand public est quant à lui assez différent, les usagers ayant tendance à recourir prioritairement aux moteurs de recherche, ces outils désormais reconnus comme particulièrement efficaces, voire incontournables, pour accéder à la masse de connaissances disponibles sur la Toile. Les moteurs de recherche – dont Google – cumulent en outre de nombreux avantages : ils sont gratuits, simples à utiliser et extraordinairement puissants. Pour le dire simplement, cet outil explore la Toile de façon automatique et régulière en suivant les liens hypertexte qu'il rencontre et en indexant toutes les ressources utiles, si bien que, quand un internaute lance une requête, le moteur de recherche restitue les résultats à partir des éléments réunis lors des consultations précédentes et de leur nombre.

L'internaute procède de façon plus ou moins aléatoire et imprévisible et, manifestement, il affectionne cette pratique. Si bien que, pour l'accès aux savoirs ou aux livres, aucun mode de recherche n'est exclusif. Les analyses menées sur de nombreux sites culturels montrent par exemple qu'une requête sur deux environ se fait par entrée directe sur le site, en une seule étape, l'autre moitié par les moteurs de recherche.

Est-ce un équilibre stable ? Il est encore trop tôt pour le dire. Toujours est-il que, pour l'heure, la recherche grand public tend à se faire par étapes, telles données vous renvoyant sur tel site, tel site sur tel lien, et ainsi de suite, jusqu'à ce que vous arriviez sur l'ouvrage que vous avez envie soit de consulter dans une version numérique si elle est disponible, soit d'acheter en ligne. En ce sens, j'aurais tendance à contester en partie la pertinence de l'opposition thématisée par Jean-Noël Jeanneney entre l'« économie de l'ordre » (usage professionnel) et l'« économie du vrac » (usage grand public). Sur le Net, l'ordre émerge souvent du désordre et ce n'est pas toujours en imposant un ordre *a priori* qu'on surmontera le désordre. Il me semble qu'il vaudrait mieux plutôt combiner de façon dynamique la façon de chercher des universitaires, plus ordonnée, et celle du grand public, plus aléatoire. On constate d'ailleurs que Google se réorganise en permanence. Du désordre peuvent naître des formes plus ordonnées au fil de l'expérience des utilisateurs.

Cette dynamique vous paraît-elle particulièrement s'appliquer au domaine du livre ?

Cette discussion sur les usages dissimule en réalité un débat institutionnel qui porte sur la place de chacun dans le classement des documents et le mode de repérage. Faut-il se rendre à l'idée que l'utilisateur accède à un livre par toutes sortes de chemins détournés et de sources très diverses ou faut-il partir du principe que le livre doit d'abord être feuilleté par un professionnel compétent, en l'occurrence un bibliothécaire, qui va l'indexer, l'assortir de toutes sortes de métadonnées puis le classer au bon endroit ? On sait par exemple que le catalogage de la BNF s'appuie sur des métadonnées d'autorité (5 millions de notices) décrivant avec une assez grande précision les auteurs et les sujets des documents, livres ou périodiques concernés. D'où la question de savoir si l'accès au patrimoine doit être confié définitivement à une société telle que Google, ou laissé aux documentalistes de la BNF... Ou plutôt, comme nous le suggérons, à une association des deux et, plus largement, de professionnels venant d'horizons divers.

UN CHOIX CULTUREL FONDAMENTAL

En vérité, il faut savoir combiner deux exigences. Ma position est la suivante : autant il serait absurde de se passer du travail accumulé sur plusieurs générations par des institutions qui ont fait leurs preuves, dotées d'objectifs et de modes d'organisation cohérents (les grandes bibliothèques), autant il ne faut jamais renoncer à la liberté de feuilleter ou de butiner le patrimoine comme l'offrent les nouveaux modes de recherche. L'affirmer, cela ne revient en rien à mépriser les grandes institutions culturelles et à prétendre que l'on pourrait se dispenser du travail de leurs documentalistes. Il faut cependant chercher des *formes de rééquilibrage permanent*, à la fois conformes à l'intérêt du grand public, à celui des auteurs qui, par leurs œuvres, ont contribué à la constitution du patrimoine (des œuvres dont on ne souhaite pas qu'elles disparaissent de la mémoire collective), tout en se gardant de l'erreur qui consisterait à faire pleinement confiance à Google (à un moteur de recherche qui se trouve en position dominante) pour tout stocker et indexer, alors même que la question de savoir comment entretenir et renouveler les fichiers demeure dans les limbes.

Google a tout de même réussi à imposer sa logique Web grand public...

Certes, et c'est même le grand avantage de ce qui nous est « tombé dessus » avec Google : l'entreprise a imposé d'entrée de jeu une logique grand public à des opérateurs, y compris les universitaires, qui avaient plutôt tendance à transposer aux réseaux Internet la logique qui prévaut aujourd'hui sur les supports, disons, traditionnels dans leur métier. Encore une fois, il serait aberrant de ne pas tenir compte du travail de classement et d'indexation déjà réalisé par des professionnels, mais le nouvel angle qui s'impose – la logique Web grand public – doit malgré tout inciter à revoir en profondeur le travail réalisé par les bibliothécaires, qui n'est d'ailleurs pas toujours aussi parfait qu'on veut bien le dire.

Cela étant réaffirmé, il faut rappeler d'emblée que si on laisse faire Google seul, il est assez probable qu'une partie de la création culturelle et littéraire du XIXe et du XXe siècle disparaîtra corps et biens de la Toile, faute d'être accessible et consultée. La vraie question sera donc de savoir ce que des professionnels du livre pourraient apporter à la démarche de Google, non pour contester son utilité, mais pour la réinscrire dans une logique plus respectueuse des finalités que la France a toujours données à la conservation de son patrimoine. On entend souvent dire que Google privilégie l'aval (les conditions d'un accès ouvert) à l'amont (la qualité de la numérisation et la pertinence des modes d'indexation), tandis que les bibliothèques, elles, viseraient avant tout à valoriser leur savoir-faire en amont, au détriment des modes de consultation de masse. Je suis convaincu de la possibilité de concevoir un mode d'organisation et de partenariat qui surmonte cette contradiction.

À titre d'exemple, des recherches sont en cours pour développer d'autres types de méthodes, davantage fondées sur des critères de pertinence grâce à des analyses sémantiques. Mais la mise en place de ce Web sémantique ne semble pas encore pour demain. À l'heure actuelle, l'accès potentiellement universel proposé par les moteurs existants semble *suffisamment séduisant* pour que les internautes le plébiscitent. À plus forte raison lorsqu'il s'agit d'ouvrages : le fait de trouver immédiatement des contenus en ligne, en s'affranchissant des contraintes de temps et de déplacement liées à la mise à disposition des « livres papier », semble présenter, pour les chercheurs comme pour le grand public, un intérêt qui supplante les éventuelles faiblesses de qualité tenant aux modes de recherche des moteurs. Le reconnaître, c'est donc aussi admettre que nous avons désormais des techniques *suffisamment au point* pour que l'on s'attache enfin à numériser notre patrimoine écrit le plus rapidement possible, selon une logique non pas sélective mais *de masse*, selon l'expression usuelle. Encore une fois, l'usage simple du moteur de recherche peut ensuite être combiné avec d'autres modes d'accès, plus structurés et, cela, les accords passés avec Google ou d'autres doivent le permettre… Ce n'est pas le cas aujourd'hui, malheureusement.

AMÉLIORER LA VISIBILITÉ DU PATRIMOINE FRANÇAIS SUR LA TOILE

Le caractère exhaustif ou « de masse » de la numérisation représente bien un des objectifs à rechercher et cette perspective constitue une chance pour le rayonnement de la culture française. Cet objectif est de surcroît parfaitement en phase avec la vocation historique de la BNF, qui bénéficie du dépôt légal. L'enjeu est immense puisqu'il y va de la visibilité du patrimoine français sur Internet, lequel est aujourd'hui principalement visible, mais de manière très partielle, *via* Google Livres qui a numérisé les fonds francophones d'un certain nombre de bibliothèques étrangères – une visibilité qui reste donc très incomplète, quoique supérieure pour le livre à l'autre alternative, Gallica, malgré les progrès faits chaque année. Problème : les fonds qui figurent sur le site de la BNF sont difficilement accessibles à moins que l'internaute soit assez averti pour se rendre directement sur Gallica. C'est pourquoi il faudra veiller à ne plus numériser pour numériser, mais aussi pour *assurer un accès facile à ces fonds*, ce qui implique de réfléchir très en amont sur les moyens à mettre en œuvre pour qu'ils puissent être plus « repérables », selon une autre expression consacrée (référencement, indexation, citations dans des blogs ou des sites, etc.), ce que Gallica a entrepris de faire… mais avec retard.

Dans ce domaine, la France n'est justement pas novice puisqu'elle possède d'ores et déjà un savoir-faire en matière de numérisation de masse, la BNF ayant mis en ligne plus de 1 million de documents. Dans ces conditions, quels devraient être, selon vous, les termes d'une éventuelle association avec Google ?

Si on redescend sur terre, on tombe de fait sur un deuxième problème : comment dégager une marge de manœuvre face au monopole des grands moteurs de recherche ? Sans oublier que les Français, et dans une moindre mesure les Espagnols, ont pris une longueur d'avance en investissant dans la numérisation de masse de leur patrimoine avant même que Google n'arrive. Depuis le milieu des années 1990, la BNF a ainsi développé la bibliothèque numérique Gallica, conçue dans le cadre du grand projet voulu par François Mitterrand. Rappelons à cet égard qu'au moment où nous remettions notre rapport, début 2010, le site Gallica, dont les débuts furent laborieux, donnait déjà accès à plus de 950 000 documents, dont 145 000 livres (monographies) – 200 000 fin 2010 –, 650 000 fascicules et périodiques, dont une partie de la presse quotidienne du XIXe siècle et une banque de données de 115 000 images. En outre, Gallica a ouvert des discussions avec le Syndicat national de l'édition (SNE) en 2007 afin d'envisager les modalités d'accès à des ouvrages sous droits d'auteur. Début 2010, 20 000 livres contemporains numérisés étaient ainsi présents sur Gallica et consultables sous conditions.

Cette situation est à comparer au choix opéré par la Bibliothèque du Congrès à Washington qui, au début des années 1990, a développé de son côté une politique numérique ambitieuse ne passant pas par Google. Soutenu par d'importants financements publics et privés, ce projet a donné lieu au programme American Memory, soit une bibliothèque de plus de 5 millions de documents en accès libre. Mais ces exemples français et américain sont isolés. À l'exception du Japon, peut-être de l'Espagne et de la British Library, les autres grandes bibliothèques ne paraissent pas avoir pris le pas du numérique à temps.

Pour en revenir à la France, il ne me semble pas que nous soyons dans une position faiblesse vis-à-vis de la firme californienne. Je dirais même que, dans la mesure où notre projet commence à prendre tournure, il ne peut que bénéficier de la concurrence de Google. Par ailleurs, l'annonce faite par le président de la République fin 2009 d'une enveloppe spécifique allouée à la numérisation du patrimoine culturel dans le cadre du grand emprunt, introduit un réel changement dans la dimension, le rythme et la philosophie d'ensemble du processus de numérisation. Elle permet en effet de retrouver de réelles marges de manœuvre pour mener une politique autonome et bénéficier d'une situation plus équilibrée lorsqu'il s'agit de négocier avec des partenaires privés, dont Google.

Cette autonomie nécessaire doit permettre aux grandes bibliothèques de mieux maîtriser leur calendrier de numérisation et de ne pas dépendre uniquement de celui des grands opérateurs. Il me paraît évident, en effet, qu'il nous faut résister à la logique du moteur de recherche américain pour plusieurs raisons. Cette logique Google consistera, par exemple, à privilégier tel ou tel ouvrage parce qu'il s'avère plus facilement numérisable que tel autre pour des raisons de format ou d'ancienneté. Or une grande institution ne saurait exclusivement concevoir sa politique selon ce genre de critères. Réfléchir à ce que devrait être un processus de numérisation de masse, comme celui engagé par la BNF, implique donc que l'on se pose explicitement le problème de la numérisation des livres anciens ou fragiles. Il conviendrait aussi de s'interroger davantage sur l'incidence que peut avoir l'état matériel des collections sur la numérisation, de façon que les ouvrages en moins bon état – qui sont souvent les plus demandés – ne soient pas absents de la bibliothèque numérique !

QUELLE MARGE DE MANŒUVRE
FACE À GOOGLE ?

Oui, mais de quelle marge de manœuvre disposons-nous au juste face à Google Livres ?

À mon sens, et je rejoins ici les thèses de Jean-Noël Jeanneney, la BNF n'a pas abordé les négociations avec Google comme elle aurait dû le faire. Avant même d'ouvrir les discussions, disons juridiques, il aurait fallu discuter davantage du fond avec les représentants de Google et comprendre pourquoi ils ont choisi telles options plutôt que telles autres. La BNF a voulu tout à la fois poursuivre son travail de numérisation de son côté et collaborer, de l'autre, avec Google en mettant à la disposition de la firme tous les exemplaires en « double » des ouvrages dont elle dispose. Cela signifie tout simplement que quand la BNF possède des ouvrages en double, elle les met dans la salle de stockage de Google. Toute la caricature de la pratique institutionnelle est là ! La BNF s'est dit : « Nous allons apporter des tonnes de doubles à Google puisqu'on ne peut pas l'éviter, tout en poursuivant par ailleurs, à notre manière, notre propre numérisation. » Cette approche ne me paraît pas très sérieuse, surtout quand on a des millions d'ouvrages à numériser. Il aurait fallu rechercher un bon compromis en mettant en commun les moyens. Depuis, la BNF s'est ressaisie, aucun accord n'a été signé à ce jour, mais on peut comprendre qu'à un moment donné, la polémique ait enflé.

Que veut au juste Google ? C'est à vrai dire le grand mystère dans cette affaire. Pour certains, Google ne dirait pas toute la vérité : le moteur de recherche ferait semblant de jouer le jeu, mais une fois acquise une position de monopole, il aurait l'intention de faire payer la consultation des livres numériques pour rembourser les investissements déjà effectués. L'hypothèse est largement répandue, mais elle ne me semble guère crédible. Google entend en effet se mettre dans la situation d'être présent dans les différents domaines où une consommation de masse peut se développer. Son objectif est donc que le public ait besoin du moteur de recherche pour accéder à la connaissance. Il s'agit de disposer du plus grand nombre de documents pour améliorer la richesse et la pertinence des réponses du moteur et, partant, accroître l'assiette documentaire avant de créer un phénomène de masse susceptible d'engendrer un potentiel publicitaire.

Accords entre Google et les grandes bibliothèques nationales européennes

Google a d'ores et déjà conclu une dizaine d'accords avec de grandes bibliothèques européennes pour la numérisation de leurs fonds tombés dans le domaine public. Ainsi avec la Grande-Bretagne, l'Allemagne, l'Espagne, la Belgique, la Suisse, le Danemark... et la France, avec la bibliothèque municipale de Lyon (en février 2008). Le ministère italien de la Culture rendait pour sa part public, en mars 2010, un accord avec Google (comportant une clause d'exclusivité de quinze ans) pour numériser 1 million d'ouvrages libres de droits en provenance des bibliothèques de Rome et de Florence.

En juillet 2010, un nouveau contrat était signé entre le moteur de recherche américain et la bibliothèque nationale des Pays-Bas, la Koninklijke Bibliotheek. La firme californienne prévoit de

---

scanner plus de 160 000 livres écrits aux XVIIIe et XIXe siècles, accessibles à la fois sur le site Google Books, sur le site de la bibliothèque néerlandaise, ainsi que sur Europeana. Un peu plus tôt, en juin, la bibliothèque nationale autrichienne concluait de son côté un marché similaire portant sur 400 000 volumes, aux termes d'un contrat de 30 millions d'euros. La directrice générale de l'institution, Johanna Rachinger, assure que le moteur de recherche américain n'aura « aucun monopole » sur les livres numérisés. Ce programme, qui n'aurait pas été possible sur les fonds propres de la bibliothèque, concerne la collection du XVIe au XIXe siècle, l'une des cinq collections les plus importantes au monde, soit 120 millions de pages. L'accord prévoit la prise en charge, par Google, des coûts de la numérisation, entre 50 et 100 euros par ouvrage. La bibliothèque paie la préparation des livres, le stockage des données numérisées ainsi que la mise en place d'un accès à ces dernières. Pour Johanna Rachinger, cette opération permettra de préserver des exemplaires originaux, qui seront moins manipulés, et « en cas de catastrophe », elle assurera la disponibilité des ouvrages sous une version électronique. Les travaux devraient débuter en 2011, en Bavière, et durer environ six ans.

Pour un certain nombre d'observateurs, les deux derniers accords conclus en Europe par Google (avec l'Autriche et les Pays-Bas) reposeraient sur une base plus équilibrée que les précédents. Après mûr examen de la situation, l'Union européenne semble d'ailleurs n'avoir rien à objecter au contrat passé entre Google et la Koninklijke Bibliotheek. Jonathan Todd, porte-parole de l'Union européenne, expliquait en effet que Bruxelles accueillait avec plaisir cette nouvelle, d'autant que l'accord est conforme aux règles européennes sur la concurrence et le droit d'auteur. Sans compter que ce sont autant de livres qui arriveront ensuite dans l'escarcelle d'Europeana.

Dans un tel contexte, je ne comprends pas que tant d'autres grandes institutions aux États-Unis et en Europe, y compris la bibliothèque de Lyon, aient accepté de transiger sur des clauses d'exclusivité allant de dix à vingt-cinq ans. En effet, quelle est la mission d'une grande bibliothèque ? D'une part, assurer la pérennité à long terme de son patrimoine, autrement dit la conservation et la mise à jour des fichiers numérisés, et ce, dans un contexte d'obsolescence plus ou moins rapide des technologies. D'autre part, favoriser l'accès le plus large possible à ses collections. Cela implique deux choses : de mettre à disposition et de rendre visible ce patrimoine sur la Toile *via* une numérisation « de masse » qui requiert d'importants moyens, mais aussi d'assurer un niveau de qualité suffisant des supports et des outils numériques de façon à répondre à la diversité des usages des internautes. Or, au regard de ces deux missions essentielles, les accords actuels passés avec Google posent, comme c'est le cas avec la bibliothèque municipale de Lyon, la deuxième de France, un certain nombre de limitations et de clauses d'exclusivité, explicites ou implicites, qui me semblent tout à fait excessives. Cette notion d'exclusivité est un vrai problème, d'autant que la durée prévue – vingt-cinq ans ! – est extrêmement longue.

CONCÉDER L'EXCLUSIVITÉ
POUR VINGT-CINQ ANS
EST INACCEPTABLE

Sur un plan très concret, qu'implique précisément cette exclusivité concédée à Google et pourquoi est-elle à ce point problématique à vos yeux ?

Le problème est double puisqu'il se pose au niveau de l'accès comme de la conservation. Sur le premier aspect, les accords passés avec Google stipulent que tous les autres moteurs de recherche ne pourront pas accéder aux fichiers numérisés par la société californienne pour les indexer et les référencer. Dans cette hypothèse, si vous utilisez le moteur Yahoo, par exemple, vous ne pourrez pas tomber sur un ouvrage de la BNF. Concrètement, Google a donc placé des filtres protecteurs interdisant à tout autre moteur de recherche de rentrer à l'intérieur du système et de vous conduire jusqu'à l'ouvrage ou à la page recherchés. Cette exclusivité permet des modes de consultation *via* différents sites, mais à condition d'entrer directement sur ces sites, par exemple sur Gallica. Si l'on se promène sur la Toile et qu'on procède à une recherche aléatoire en passant par un moteur de recherche autre que Google, le moteur pourra donc vous envoyer sur Gallica, mais pas sur le livre même. Le texte du livre ne pourra être ni indexé ni référencé par un autre moteur : seules les métadonnées, produites par les bibliothèques, lui seront accessibles. Or cela réduit considérablement la visibilité de notre patrimoine sur la Toile. En outre, si l'usager entre dans la recherche en tapant un titre, disons *Le Rouge et le Noir*, il le trouvera dans différentes langues, il tombera même sur des *Le Rouge et le Noir* en anglais ou en chinois, mais pas forcément en français et on ne lui dira pas non plus que Gallica existe pour le trouver en langue originale.

On peut certes comprendre les motivations de Google : dans la mesure où cette société privée prend à sa charge les opérations de numérisation, sur le plan technique comme sur le plan financier, elle souhaite en contrepartie bénéficier d'une exclusivité sur les contenus numérisés.

Oui, mais cela revient à remettre l'accès à notre patrimoine à un acteur qui jouit d'une position dominante sur le marché de la recherche d'information et c'est inacceptable ! On ne peut quand même pas exclusivement confier notre mémoire à une firme privée sur laquelle on n'a guère de prise.

D'autres restrictions tout aussi inacceptables peuvent en outre brider assez fâcheusement les initiatives des bibliothèques pour valoriser leurs fonds numérisés en montant des projets avec des partenaires publics ou privés. En effet, et toujours selon cette fameuse clause d'exclusivité, la BNF ne pourra transmettre le fichier d'un livre numérisé par Google à d'autres partenaires sans une autorisation préalable du moteur de recherche. Pas besoin d'être grand clerc pour comprendre que cela peut représenter un très lourd handicap ! Dans les discussions avec la BNF, Google a toutefois donné son accord pour que la copie des fichiers numériques puisse être reversée dans Gallica – c'était quand même la moindre des choses ! – et être répertoriée sur le portail Europeana, le serveur de l'Union européenne, encore en chantier.

Dernier point problématique en termes d'accessibilité : Google exige aussi *l'exclusivité sur la recherche dite « plein texte »*. Vous tapez une citation et le moteur vous indique dans quel ouvrage se trouve la phrase. À cet égard, Google apporte une profondeur de recherche par citation très intéressante, mais le site de la bibliothèque ne pourra en revanche pas en bénéficier. Enfin, le niveau de qualité minimum de la numérisation n'a pas non plus été défini avec précision, alors même que, pour les bibliothèques, il doit être nécessairement élevé. La technique de numérisation de Google permet-elle par exemple à l'usager d'imprimer le livre ? On constate que ce n'est pas toujours le cas.

Que se passe-t-il pour les livres qui n'ont pas été numérisés par Google, mais par les soins de la bibliothèque elle-même ?

Sur ce point, justement, les accords existants restent muets. L'idée générale est que Google se réserve et conserve l'entière propriété des ouvrages numérisés, scannés par ses soins. Il pourra donc en faire, demain et *ad vitam aeternam*, l'usage qu'il voudra ! Pour les documents numérisés par la bibliothèque, rien n'est prévu. Ils vivront pour ainsi dire de leur vie propre puisque rien n'est dit sur leur intégration éventuelle dans le mode de consultation et de requête mis en œuvre par Google Livres. La bibliothèque devra donc engager des démarches supplémentaires pour assurer le référencement de ses fichiers dans le serveur Google Livres comme dans le moteur Google en général.

COMMENT L'EXCLUSIVITÉ DISSIMULE UNE QUASI-PROPRIÉTÉ

Et en matière de conservation des fichiers numériques, comment joue l'exclusivité réclamée par Google ?

Cet aspect-là des choses – pourtant capital – n'est tout simplement pas abordé, que ce soit dans l'accord passé avec la bibliothèque municipale de Lyon ou dans le projet d'accord avec la BNF. Il est prévu que Google transmette une copie des fichiers à la bibliothèque publique qui lui a permis de numériser les livres gratuitement, mais si le fichier est endommagé ou abîmé, la bibliothèque devra se débrouiller seule. Google n'est en rien obligé de lui faire bénéficier des éventuelles innovations qu'il apporterait à ses propres fichiers. La société américaine pourra ainsi modifier le format du fichier ou y intégrer les métadonnées des bibliothécaires sans même en informer la bibliothèque qui les lui a fournis. L'exclusivité dissimule ici une quasi-propriété !

En outre, rien n'est précisé sur la nature de ces copies. Dans l'accord passé avec Lyon, seule la transmission du fichier image et du fichier du texte brut (non structuré) est prévue, sans aucun engagement sur la nature du traitement effectué. Aussi n'est-il pas du tout évident que la bibliothèque pourra faire les liens nécessaires entre image et texte ! En clair, la bibliothèque ignore ce qu'elle va exactement recevoir de Google.

Pour récapituler, vous pensez donc qu'il faudrait obtenir de Google qu'il renonce à l'exclusivité de l'accès tout en lui imposant une sorte de partenariat de maintenance, de sorte que les fichiers mis à disposition sur le Net par la bibliothèque ne deviennent pas obsolètes dans cinq ou dix ans ?

Oui, mais les représentants de Google ont catégoriquement refusé cette option ! Ils estiment qu'il revient à la bibliothèque de se doter des moyens nécessaires pour assurer la maintenance, l'entretien et le formatage des fichiers. Pour la BNF, ce n'est pas vraiment un problème, elle en a les moyens et le savoir-faire. Pour d'autres bibliothèques, comme celle de Lyon, il en va tout autrement. Celle-ci n'a même pas les moyens de stocker les copies des fichiers. À titre dérogatoire, Google a donc accepté que ces copies soient provisoirement abritées par d'autres institutions culturelles de l'agglomération. À cet égard, il faut aussi relever que le caractère confidentiel de ces accords, exigé par Google, est quand même très limite, d'autant qu'il s'agit de bibliothèques publiques. Pour vous donner une idée, les éléments de l'accord passé entre Google et Lyon n'ont été connus qu'après que le rédacteur en chef de l'hebdomadaire *Livres-Hebdo* a entrepris une démarche auprès de la Commission d'accès aux documents administratifs ! Sur place, les débats au sein du conseil municipal de Lyon se sont même déroulés à huis clos. On a fait sortir le public, le protocole d'accord a été distribué aux élus et ils l'ont voté à l'unanimité. C'est d'autant plus étonnant que ce « marché » prévoit une exclusivité commerciale de vingt-cinq ans en faveur de Google, alors même que l'opérateur ne précise pas la manière dont il compte utiliser les fichiers.

D'où l'esprit des solutions préconisées dans notre rapport : il ne faut surtout pas accepter que le moteur ait l'exclusivité sur notre patrimoine, tant du point de vue du mode d'accès que de la conservation, voire de la commercialisation. D'une manière générale, les limites imposées par Google à la diffusion des fichiers reçus par les bibliothèques, la durée des clauses d'exclusivité commerciale, l'imprécision des choix techniques retenus et la confidentialité des contrats passés sont autant d'aspects difficilement acceptables en l'état, même si, bien sûr, l'avance technologique de Google dans ces métiers garantit *de facto* que les options retenues seront de grande qualité.

L'ÉCHANGE DE FICHIERS
OU LA CONDITION DE L'AUTONOMIE

Précisément, comment se prémunir contre un tel risque ?

En développant une *politique autonome* tout en proposant à Google des négociations sur le principe du « donnant-donnant ». La bibliothèque apporterait à Google les collections numérisées par ses soins propres, en retour de quoi elle demanderait à la société américaine deux choses : qu'elle référence les fichiers apportés par la bibliothèque pour qu'on puisse les trouver facilement en utilisant Google (principe de l'accès le plus large possible *via* le moteur de recherche numéro un au monde), en contre-partie de quoi elle verserait sur le site de la bibliothèque un certain nombre de fichiers numérisés par Google. L'existence d'une plate-forme telle que Gallica permet de s'appuyer sur un outil existant, même si ses performances sont encore à améliorer, surtout dans la perspective d'un accès de masse. Le moteur utilisé aujourd'hui par Gallica (Lucene) a par exemple l'inconvénient de n'interagir avec aucune autre base de données. D'où l'intérêt d'une entente avec Google, mais sans exclusivité de façon aussi que Gallica – car c'est son autre point faible – puisse développer la dimension coopérative de sa plate-forme en direction des éditeurs ou d'autres institutions publiques ou privées partenaires.

Cette solution présuppose toutefois que l'on ne confie pas non plus à Google la prise en charge exclusive de la numérisation (le scan et l'OCRisation des ouvrages, c'est-à-dire la reconnaissance optique des caractères qui autorise les analyses automatiques à des fins d'indexation et de recherche), prise en charge qui, on l'a dit, équivaut à ce que la bibliothèque perde la propriété à part entière des fichiers numériques obtenus à partir de la copie d'œuvres appartenant à la mémoire collective. La coopération avec différents moteurs de recherche devrait donc être conçue en amont de la phase de numérisation. Il me semble que les moteurs de recherche ne peuvent qu'entrer dans cette logique de partenariat puisqu'on leur apporterait une partie des fichiers numérisés par nos soins et à nos coûts, et qu'ils élargiraient ainsi leur base dans le corpus francophone.

POUR UNE PLATE-FORME COOPÉRATIVE RÉUNISSANT TOUS LES ACTEURS DE LA CHAÎNE DU LIVRE

Vous suggérez donc que les bibliothèques françaises conduisent de façon autonome l'effort de numérisation de leurs ouvrages, nos institutions culturelles et Google faisant pour ainsi dire « numérisation à part ». Ensuite, on procéderait à des échanges de fichiers de qualité équivalente et sous des formats compatibles, Google continuant de son côté à numériser les fonds francophones des bibliothèques américaines avec lesquelles il a signé des contrats, ce qui est aussi le cas pour la bibliothèque de Lausanne ou de Gand. Dans cette hypothèse, ne court-on pas le risque de voir Google aller beaucoup plus vite que nous, cette solution réintroduisant, du coup, un déséquilibre ?

D'une manière générale, nous ne serons en position de force qu'à condition de développer une entité coopérative réunissant les bibliothèques publiques, les éditeurs et, au-delà, l'ensemble des acteurs de la chaîne du livre, sans oublier les ayants droit (pour les œuvres protégées). Dans notre conception, cette entité collégiale aurait la responsabilité d'élaborer, de mettre en place et d'exploiter une plate-forme commune, d'organiser l'accès aux ouvrages et de concevoir les interfaces avec d'autres plates-formes, chaque partenaire pouvant conserver son propre site, voire organiser directement la commercialisation des ouvrages dont il est titulaire. En échange, chaque partenaire accepterait de déposer ses fichiers sur la plate-forme coopérative et lui déléguerait les droits permettant l'indexation et le feuilletage des fichiers, voire leur exploitation commerciale selon des termes convenus à l'avance.

Quant au risque de voir Google dépasser ses volumes en langue française, il me paraît minime. La BNF mène ses opérations aujourd'hui à un rythme de 100 000 à 120 000 ouvrages numérisés par an. Google n'envisage pas d'aller plus vite et je suis convaincu qu'on verra que la qualité du travail effectué par la BNF est comparable, sinon supérieure. Pour une raison très simple : la société privée Google vise avant tout un objectif quantitatif, la BNF non. Elle ne numérise pas tous les ouvrages de la même manière et elle hiérarchise les priorités. Ainsi les ouvrages traduits dans quatre langues au moins sont-ils, dès à présent, prioritaires.

J'en reviens une fois de plus à ce qui m'apparaît comme le cœur du problème : notre objectif est de faire en sorte que les lecteurs francophones puissent avoir accès au patrimoine littéraire français. Or, pour ce qui touche à la littérature classique tombée dans le domaine public, notre intérêt est d'être présent sur les plus grands sites de consultation mondiaux. L'exclusivité a trop d'inconvénients : on ne peut pas accepter qu'il faille passer par Google, et Google seulement, pour accéder à la culture française. Cela signifie qu'un groupe privé aujourd'hui en situation dominante et demain, peut-être, en situation de monopole, pourrait un jour fermer le robinet selon ses propres analyses et objectifs. À moins que Google ne prenne un engagement en ce sens, mais il ne le fera jamais !

Encore une fois, si on se place du point de vue de l'usager, où est la perte ? Si je demande à Google où trouver Le Rouge et le Noir *et que le site de la BNF apparaît sur mon écran, alors je rentre dans le site et j'obtiens immédiatement l'ouvrage...*

Non, ce n'est pas ainsi que les choses se passent. Si vous visez *Le Rouge et le Noir* ou son auteur, Stendhal, à partir de n'importe quel moteur de recherche, vous ne verrez apparaître aucun résultat en provenance de Gallica, alors même que le titre est présent dans ses collections numériques. La première occurrence du *Rouge et le Noir* viendra de Google Livres, qui propose l'accès à l'exemplaire numérisé de la bibliothèque de Californie. À la date d'aujourd'hui, à supposer que nous n'ayons à notre disposition que des fichiers numérisés par Google, il n'y a pas vraiment de perte, me direz-vous, puisqu'on finit quand même par tomber sur un exemplaire en français. Et, comme vous, je trouve formidable qu'un étudiant puisse imprimer *Le Rouge et le Noir* à Jakarta ou au fin fond de l'Afrique.

Mais qu'en sera-t-il dans un an ? L'opérateur privé est et sera entièrement libre de faire ce qu'il veut : nous n'avons, sur sa politique, ni contrôle ni droit de regard. Si Google décidait de créer, pour des raisons de coût, plusieurs catégories d'ouvrages à consulter, nous ne sommes pas du tout sûrs qu'il mette les ouvrages du patrimoine français en première catégorie, dans le groupe de ceux qu'il faudrait numériser le plus rapidement possible. Nous n'avons par conséquent aucune garantie que, pendant vingt-cinq ans, la littérature française sera mise à la disposition du public sur la Toile ni qu'elle le restera. On présuppose que nos ouvrages seront présents puisqu'il est dans l'intérêt d'un moteur de recherche de disposer de banques de données les plus riches possible de façon à augmenter ses recettes publicitaires, mais hormis ce postulat, rien – strictement rien – ne nous le garantit dans l'absolu. Et il n'est pas non plus possible d'exiger que Google fasse figurer en premier rang le site de Gallica, la déontologie du moteur ne l'autorisant pas. On pourra sans doute accéder au titre recherché en allant de site en site, de lien en lien et de blog en blog. Mais ce n'est pas parce que, pour aller d'un point A à un point B, on a le choix entre une autoroute et des chemins de traverse, qu'on doit accepter que l'autoroute soit privatisée. La puissance publique perd alors toute maîtrise. Pour cette raison même, les universitaires américains sont nombreux à se féliciter que la Bibliothèque du Congrès ait décidé de contourner Google.

LES OUVRAGES SOUS DROIT :
LA SOLUTION PASSE PAR DES PARTENARIATS
AVEC LES ÉDITEURS

Venons-en maintenant à l'avenir numérique des ouvrages sous droit d'auteur. Quelle place les principaux acteurs de la chaîne du livre pourraient-ils occuper dans le dispositif ?

Vous n'ignorez pas qu'une procédure a été engagée contre Google Inc. et Google France en juin 2006 par le groupe La Martinière, sur des chefs globalement similaires à ceux qui avaient été avancés par les ayants droit américains, soit la contrefaçon de droits d'auteur par la reproduction et la mise à disposition en ligne d'extraits des livres. En octobre, les plaignants étaient rejoints par une intervention volontaire du Syndicat national de l'édition (SNE) puis de la Société des gens de lettres (SDGL). Le juge leur a donné raison et Google a été condamné à verser un dédommagement de 300 000 euros au groupe La Martinière. Le jugement ne portait que sur une liste précise et bien identifiée d'œuvres protégées, mais Google, il faut le souligner, court aujourd'hui le risque de se voir intenter une multitude de procès similaires par des éditeurs français considérant que le jugement est transportable à leur propre situation. Il faut se souvenir que leurs collègues américains avaient été échaudés par l'attitude de Google qui, aux États-Unis, n'a pas hésité à numériser des millions d'ouvrages encore placés sous droit d'auteur, sans avoir préalablement obtenu le consentement des ayants droit.

Pour améliorer la stratégie française de numérisation du patrimoine littéraire et faciliter l'accès aux fonds sur le Net, il me semble néanmoins indispensable de mettre en œuvre des partenariats efficaces et équilibrés avec les éditeurs, qu'il s'agisse de livres tombés dans le domaine public ou protégés par le droit d'auteur. Ainsi, la BNF pourrait être investie de la mission de numériser les ouvrages relevant de cette dernière catégorie. Bien entendu, la mise à disposition de ces fonds numérisés ne pourrait se concevoir que dans un cadre contractuel avec les éditeurs et les ayants droit. Il me semble que les éditeurs devraient largement y trouver leur compte car cela pourrait notamment leur permettre de donner une nouvelle vie à des livres épuisés de leurs fonds qu'ils ne souhaitent pas forcément rééditer sous une forme papier. Cette exploitation sous format numérique devra naturellement être rémunérée, soit sous forme de renvoi au site de l'éditeur, soit au sein des bibliothèques, sous forme d'abonnement. On voit également l'avantage pour le public, qui bénéficierait ainsi d'une base consultable considérablement élargie.

Pour les ouvrages sous droit, la plupart des éditeurs français semblent souhaiter la création d'une plate-forme commune les réunissant tous, un projet qui, pour l'heure, paraît encore difficile à mettre en œuvre. À propos de la rémunération, Bernard Fixot suggère que le prix d'un livre numérique devrait être plus attractif que celui d'un livre imprimé d'au moins 50 %. En dessous, en revanche, il ne lui semble pas que l'opération serait jouable. Enfin, l'extension du prix unique du livre au numérique et à l'ensemble de l'Europe, également demandée par les éditeurs, est aujourd'hui à l'étude. Ces propositions vous paraissent-elles réalistes ?

Sur le fond, qu'en est-il de l'avenir du livre numérique ? Il me semble qu'il est appelé à connaître une forte expansion grâce aux liseuses électroniques, qui ont fait d'énormes progrès et offrent désormais un vrai confort de lecture, sans parler des tablettes polyvalentes du type iPad[1]. Il est certes toujours hasardeux de faire des pronostics, mais il est probable que le livre électronique suive la même évolution que les enregistrements de musique ou les films de cinéma. La proportion du livre numérique face au livre papier atteindra-t-elle 60, voire 80 % de la consommation ? Il est trop tôt pour se prononcer, mais on peut parier que cet usage ne restera pas confiné à 3 ou 5 %.

Quant au prix unique du livre instauré en 1981 par la loi Lang, de quoi s'agit-il ? L'autorisation de le pratiquer en France n'a été concédée par l'Europe que pour la distribution physique des ouvrages. Cela consiste à refuser que les grandes surfaces fassent des rabais (de plus de 5 %) au détriment des autres acteurs de la filière. En France, le livre est donc au même prix dans un supermarché et chez le petit libraire du coin. On part en fait de l'hypothèse que l'éditeur a fixé le bon prix en fonction de ses divers coûts (fabrication, distribution, etc.). Mais quels sont les coûts d'un éditeur en mode numérique ? On peut supposer qu'ils sont inférieurs d'au moins 40 %, un écart qui se répercutera forcément sur le prix des fichiers numériques[2].

---

1. Après la sortie de l'iPad par Apple, la tablette de lecture électronique Kindle, troisième génération, a été lancée à l'été 2010 par Amazon. L'appareil, fin, léger et sans rétroéclairage (indiqué pour lire sous le soleil) possède une autonomie d'environ un mois. Par comparaison avec l'ancien modèle, celui-ci est moins cher, les images sont plus finement ciselées, les caractères plus fins et la capacité de stockage doublée.

2. Voir, sur ce point, l'étude d'Hervé Bienvault, *Combien coûte un livre numérique ?* (avril 2010), publiée par le Motif, l'Observatoire du livre et de l'écrit en Île-de-France (disponible sur www.lemotif.fr). Hervé Bienvault est consultant indépendant et tient le blog Aldus-2006, consacré à l'actualité de la lecture numérique.

LE LIVRE NUMÉRIQUE,
L'AVENIR DE L'ÉDITION
ET LA SURVIE DES LIBRAIRES

C'est précisément la raison pour laquelle Bernard Fixot propose de vendre un livre numérique deux fois moins cher que sa version papier...

Je crains que ce soit un peu optimiste ! Ce qui risque, en effet, de se produire, c'est la disparition à terme du livre papier si on n'adapte pas progressivement la filière à cette nouvelle concurrence. Aujourd'hui, bien sûr, celui-ci se maintient et le marché du livre numérique est encore très faible en Europe (moins de 1 %). Mais quand 1 million de Français amateurs de lecture auront acheté une tablette polyvalente ou une liseuse très au point, pourquoi voulez-vous qu'ils continuent d'acheter des livres en format classique, si ceux-ci sont trop chers !

Cet écart risque-t-il d'hypothéquer l'avenir de la librairie ?

Je crains qu'en matière de distribution, et à moins d'un effort d'adaptation considérable, les libraires ne soient peu à peu remplacés par Amazon. C'est au demeurant en partie le cas. Amazon est ainsi devenu le premier site distributeur aux États-Unis, le livre arrivant d'ailleurs en troisième ou en quatrième place de tous les biens consommés par vente à distance. Il y a donc de fortes chances pour que le réseau physique de distribution, des petites librairies à la Fnac ou à Virgin, devienne minoritaire d'ici deux à cinq ans.

J'avoue que je ne crois guère en l'avenir d'une librairie où nous aurions le plaisir d'aller acheter un livre, mais à un prix nettement plus cher que celui d'une commande sur Amazon. Pour le prix unique sur le livre numérique, il faudra en tenir compte. Bien entendu, rien n'est plus merveilleux qu'une librairie, mais sa survie, à terme, ne paraît pas évidente en l'état. Il n'est donc pas impossible que nous ayons à affronter une crise majeure d'ici cinq ans. De même que nous pourrions ne plus avoir de quotidiens papier dans les kiosques, de même la librairie pourrait être inexorablement vouée à disparaître, du moins sous la forme que nous lui connaissons aujourd'hui, si les prix et les coûts ne s'adaptent pas… et vite. Ce constat est douloureux, mais il faut se rendre à l'évidence : le prix du livre en librairie ne pourra être largement et durablement supérieur au prix du livre numérique. À cet égard, je serai donc plus pessimiste que Bernard Fixot.

Quant au monde de l'édition, je ne crois pas, au contraire, qu'il soit voué à disparaître. Dans sa substance même et ses caractéristiques propres, le métier d'éditeur consiste à mettre en forme des ouvrages et souvent à les susciter, à découvrir des auteurs et à les rémunérer. Je ne vois aucune raison pour que cette fonction-là disparaisse. On en aura toujours besoin, y compris sur le Net. Je sais que l'on commence à parler d'autoédition, mais il me semble que la fonction d'éditeur est tellement exigeante qu'elle ne peut être considérée comme une fonction complémentaire ou accessoire[1].

____

1. Dans ce domaine, le *crowfunding* a ainsi fait son apparition. Ce modèle consiste à placer les internautes dans un rôle de coéditeur. Le site Internet des Éditions du Public met de la sorte en ligne des *pitchs* (un ou deux chapitres) de plusieurs manuscrits. Les internautes peuvent miser 11 euros sur celui qu'ils

Ne craignez-vous pas justement que Google ou Amazon envisagent, demain, de devenir eux-mêmes éditeurs ? Qui plus est, Google propose désormais de très bien rémunérer les ayants droit. Comment évaluez-vous les risques dans ce domaine ?

Je ne pense pas qu'il s'agisse d'un risque réel. Pourquoi voulez-vous qu'ils deviennent éditeurs ? Quel intérêt auraient-ils à cela ? Si je suis auteur ou éditeur et que je souhaite être distribué partout, sans exclusivité, je suis plutôt gagnant lorsque mon livre figure à la fois sur la plate-forme d'Amazon, de Google et autres. On peut avoir, à un moment donné, un risque de confusion des rôles, mais je ne crois pas que cela puisse aller très loin. Dans cette affaire, toutefois, un des points les plus importants est ailleurs : il tient, au-delà du prix unique, à ce que j'appelle le « prix éditeur » – il faut que la réglementation permette aux éditeurs, à titre dérogatoire, de fixer leur prix. C'est d'ailleurs ce que leur propose Apple. En matière commerciale, la règle veut que le réseau de distribution fixe le prix, mais si on appliquait cette règle au marché du livre, l'effet serait désastreux. Il me semble tout à fait nécessaire que les éditeurs puissent fixer le prix consommateur, y compris sur Internet.

---

souhaitent voir éditer et lire en intégralité. Le principe de l'une de ces premières maisons d'édition participatives, comme il en existe pour la musique, repose sur un financement collectif mais aussi sur une plate-forme d'échanges entre écrivains et communauté de coéditeurs. Lorsque le seuil de 2 000 contributeurs est atteint, le manuscrit peut alors partir en impression et il est ensuite adressé gratuitement au domicile des « internautes financeurs ». Avant l'édition du livre, en version papier ou sur support numérique, le coéditeur peut suivre toutes les étapes de l'édition de « son » ouvrage, comme la correction et la mise en pages. L'auteur, lui, signe un contrat d'exclusivité de six mois, ses droits sont protégés et il peut accepter, ou non, d'être édité en version numérique.

En résumé, vous seriez relativement optimiste sur l'avenir des éditeurs et relativement pessimiste sur celui des libraires ?

Je ne vois pas pour quelle mystérieuse raison l'univers de la distribution physique du livre échapperait à la logique qui saisit le monde de la presse ou du film. On peut toujours tenter de contenir la vague pendant quelque temps, ne serait-ce que pour préparer une transition en bon ordre de marche. L'avenir du monde de la librairie, si la structure d'offre est constante, si les marges et les coûts de fonctionnement restent inchangés, me paraît encore une fois assez compromis. À moins, justement, que la librairie ne se transforme, ce qui pourrait être le cas *via* l'impression à distance et à la demande. Le coût de ces machines, telle l'Espresso Book Machine[1], qui impriment en format livre papier un fichier numérique, est en fait relativement bas. On pourrait donc avoir dans une librai-

---

1. Une douzaine d'exemplaires de l'Espresso Book Machine (coût : 100 000 dollars), fabriquée par la société On Demand Books, fonctionnent aujourd'hui dans le monde, notamment à l'Université McGill de Montréal, à la Bibliothèque d'Alexandrie et bientôt à Harvard. L'Espresso Book Machine, qui permet d'imprimer en quelques minutes des ouvrages souples pouvant compter plus de 800 pages, en grand ou en petit format, a été saluée par le *Time* comme une des meilleures inventions de l'année 2007. Un partenariat avec Google lui permet par ailleurs d'accéder à plus de 2 millions de titres tombés dans le domaine public et numérisés par le géant de l'Internet. De son côté, Hachette Livre a annoncé qu'il constituait avec l'entreprise américaine Lightning source, numéro un mondial de l'impression à la demande, une filiale à 50 %. Pour Hachette, l'impression à la demande « dispense l'éditeur et les libraires de stocker en nombre des titres des fonds en garantissant que ces titres seront disponibles à tout moment dans le temps ». Face à la requête d'un client, le libraire pourra consulter le catalogue. Si le titre est à disposition, il sera imprimé à la demande, ressemblera à l'ouvrage initial et sera livré dans les 48 heures pour un prix « légèrement supérieur » au prix initial.

rie un équipement permettant d'imprimer à distance, et dans de très bonnes conditions, avec du beau papier et une belle couverture. L'usager serait ainsi en mesure de se faire imprimer son fichier numérique par son libraire – qu'il lui envoie, qu'il vienne lui rendre visite avec sa clé USB, qu'il utilise la borne de téléchargement de la librairie ou sa plate-forme de vente en ligne. On le voit aussi avec la vogue de l'autoédition aux États-Unis : vous écrivez un livre et vous demandez au libraire de vous en imprimer 1 000 exemplaires après avoir choisi votre typographie, votre format et votre couverture. Le temps de boire un ou deux cafés, et vous repartez avec votre livre imprimé en tant d'exemplaires.

Ces innovations peuvent donc créer un nouveau marché et ne signifient pas pour autant que le libraire se métamorphoserait en prestataire de service : il continuerait de faire son métier, de vendre des livres et de conseiller ses clients, mais il lui appartiendrait désormais d'imprimer les ouvrages pour ceux qui voudraient une version papier.

MIEUX ANTICIPER LES ÉVOLUTIONS À VENIR

Selon vous, les éditeurs anticipent-ils suffisamment ces évolutions ?

Non, justement. Avec la presse, ce fut la même chose : au début, la plupart des patrons de journaux se disaient que le papier serait éternel et qu'on n'a jamais vu un média en chasser un autre… Il y a cinq ans, quand on m'a demandé un rapport sur la presse numérique, le patron du *New York Times* nous expliquait que, d'ici quelques années, son quotidien ne serait plus vendu en version papier que dans la région de New York. Tout le monde l'a pris pour un fou. Aujourd'hui, nous y sommes ! Dans le cinéma et l'audiovisuel, on a assisté à un véritable raz de marée. De même pour la radio : avec la diffusion *via* Internet ou sur réseaux IPTV, on peut désormais avoir à disposition des milliers de stations et l'on observe que la diffusion classique, par un poste de radio, diminue tranquillement de 2 à 3 % par an depuis cinq ans. Là aussi, le changement est inévitable. Au milieu de toutes ces évolutions, les acteurs de la chaîne du livre se sont crus à l'écart et ont pensé qu'ils seraient les derniers concernés, forts de l'idée selon laquelle le livre est un instrument parfait. Certes, mais cette qualité même le rend aussi *parfaitement numérisable* et consommable en mode numérique ! Si on prend le monde de l'édition scientifique, à titre d'exemple, on observe qu'il s'est largement mis au numérique.

Il me paraît donc impératif que les éditeurs réagissent vite et de façon coordonnée. Et, à cet égard, je suis assez radical. Au nom de quoi – de quel intérêt général – faudrait-il que les maisons d'édition françaises se perpétuent sous leur forme actuelle, si elles ne s'adaptent pas elles aussi ? Que la fonction d'éditeur perdure, oui, c'est essentiel, sans quoi on se retrouvera avec des textes mal fichus ou bourrés de fautes et il s'agirait sans doute d'un véritable appauvrissement éditorial. Mais il faudra que l'éditeur devienne un acteur du Web.

Il me semblerait ainsi normal que les pouvoirs publics encouragent et subventionnent les éditeurs désireux de lancer une maison d'édition sur le Net. Lors des derniers états généraux de la presse, il y eut ainsi un débat pour savoir si la presse Internet devait être éligible aux mêmes aides que la presse papier. La réponse fut « oui » et la discussion vite tranchée. Il est donc vraisemblable que le monde de l'édition suive la même pente et que l'État décide d'aider en priorité les éditeurs qui présenteront des projets en ligne.

De l'utilité d'un partenariat équilibré avec Google

Entretien avec Bruno Racine

Ancien directeur de la Villa Médicis à Rome, de 1997 à 2002, et ancien président du centre Georges-Pompidou (2002), Bruno Racine est né en 1951. Normalien, énarque, agrégé de lettres classiques et romancier, il a été nommé à la tête de la Bibliothèque nationale de France (BNF) en avril 2007, succédant ainsi à Jean-Noël Jeanneney, un mandat renouvelé en mars 2010. C'est à ce titre que, au printemps 2009, Bruno Racine ouvre la discussion avec le moteur de recherche américain Google afin d'explorer l'éventualité d'un partenariat avec la firme pour la numérisation d'une partie du patrimoine écrit français, en accord avec le ministre de la Culture, Christine Albanel. En dépit de ses déclarations au quotidien *Les Échos*, selon lesquelles la BNF ne transigerait, dans la perspective d'un accord, ni sur le droit d'auteur (pour les œuvres protégées) ni sur la maîtrise de ses fichiers numériques, en particulier la liberté d'accès à travers Gallica (la bibliothèque numérique de la BNF) et Europeana (le portail d'accès au patrimoine culturel européen numérisé), le tollé médiatique provoqué en France par l'ouverture de ce dialogue avec Google a conduit à l'interruption des discussions.

Depuis, plusieurs bibliothèques nationales européennes ont d'ailleurs signé des accords avec l'entreprise de Mountain View pour la numérisation de leurs collections hors droit, notamment l'Italie, l'Autriche et les Pays-Bas. Pour l'actuel président de la BNF, ces deux derniers contrats, mieux négociés, vont dans le bon sens et il nous confie avoir bon espoir que Paris pourra délimiter les champs où une réelle convergence d'intérêts se révélera possible pourvu que la firme californienne comprenne que l'heure est à la négociation, qu'elle doit donc faire des concessions sur le respect de la vie privée, sur celui du droit d'auteur comme sur une exclusivité qui ne saurait, au pire, excéder une période de dix ans. Reste à savoir quels seront au juste les critères d'éligibilité à l'aide publique dégagée par le grand emprunt national, annoncée fin 2009.

Tout au long de cette même année 2009, Bruno Racine avait présidé à l'élaboration d'un « schéma numérique national des bibliothèques », associant les institutions qui dépendent aussi bien de l'État que des universités ou des grandes villes. Un plan qui couvre tous les aspects d'une politique numérique, depuis le recensement des fonds à numériser jusqu'à la conservation des données, en passant par les abonnements aux publications électroniques.

En 2010, le président de la BNF, pour qui une résistance victorieuse du livre papier est peu probable, publiait un essai, *Google et le nouveau monde* (Plon)[1], une réponse indirecte au livre de son prédécesseur Jean-Noël Jeanneney, *Quand Google défie l'Europe* (2005). Il y suggère un scénario fondé sur l'engagement de l'État et une alliance exigeante avec le moteur de recherche américain afin de permettre aux acteurs de l'édition de s'adapter au « nouveau monde » tout en conservant leur indépendance, et à notre patrimoine culturel d'acquérir davantage de visibilité sur la Toile. Dans ces domaines, Bruno Racine se dit toujours convaincu que la France, qui a pris une longueur d'avance sur ses partenaires européens en matière de numérisation de son patrimoine, a un rôle essentiel à jouer en Europe.

A. L.-L.

---

1. Ouvrage réédité en 2011 aux Éditions Perrin (collection « Tempus »), avec une nouvelle préface.

Avant d'analyser les promesses et les difficultés liées à la numérisation du patrimoine écrit, commençons par examiner l'affaire qui a mobilisé l'opinion sur le sujet : les négociations entre la BNF et Google, négociations qui ont soulevé, en 2009, une vaste polémique dans la presse française.

Si l'affaire des discussions entamées avec Google au printemps et à l'été 2009 a occupé le devant de la scène médiatique sur le thème « Google, le grand méchant loup dans la bibliothèque ? », elle est en fait seconde. Nous y reviendrons, mais je tiens à souligner d'emblée que, sur le plan stratégique, la question fondamentale, à mes yeux, est celle de la numérisation de masse. Faut-il envisager une numérisation *exhaustive* du patrimoine écrit existant ou se contenter d'une numérisation *sélective* ? Les contacts préliminaires avec Google, tels que je les ai menés avec l'accord de Christine Albanel, alors ministre de la Culture, à l'occasion d'une conférence prévue de longue date à Stanford en avril 2009, ne visaient qu'à explorer le périmètre d'un éventuel partenariat avec la firme californienne. Le projet n'a jamais consisté à envisager de sous-traiter intégralement la numérisation de nos collections à Google, mais plutôt de voir si, et dans quelles conditions, cette société pourrait apporter un complément utile à l'effort public sans, bien sûr, s'y substituer.

Cet aspect du problème est encore une fois latéral par rapport aux trois questions majeures : (1) Faut-il privilégier l'exhaustivité ou la sélection ? (2) Et aussi : que faire des œuvres protégées, c'est-à-dire des œuvres couvertes par le droit d'auteur, qui représentent tout de même la majeure partie de celles produites depuis la fin du XIXe siècle ? Question d'approche, enfin : (3) doit-on se cantonner au seul problème de la conversion numérique des ouvrages imprimés, ou plus largement prendre acte de la révolution que représente l'apparition du livre numérique, lequel ne peut être simplement pensé comme un fac-similé d'ouvrages existants ? On pressent en effet que le numérique offre la possibilité de productions éditoriales hybrides ou interactives d'un genre nouveau et qu'il ne se contentera pas longtemps d'être une pure copie de son cousin papier. Cette « littérature protéiforme » permet, de fait, un élargissement considérable des contenus grâce à l'inclusion de différents médias (musique, audiovisuel, etc.), le numérique faisant tomber les barrières. L'identité de l'objet livre devient dès lors beaucoup plus incertaine. Pour entrevoir l'intérêt de ces objets d'un nouveau type, il suffit par exemple d'imaginer ce que pourrait être une histoire de la musique ou du cinéma ainsi conçue. Nous avons donc là trois questions, à mes yeux déterminantes, et plus ou moins reliées entre elles.

LA BIBLIOTHÈQUE UNIVERSELLE, DE L'UTOPIE AU STADE INDUSTRIEL

Commençons par la première question, qui concerne les œuvres tombées dans le domaine public. Vaut-il mieux une politique de numérisation fondée sur l'« ordre » ou, à l'inverse, sur le « vrac », pour reprendre la terminologie de Jean-Noël Jeanneney, à moins justement que cette alternative ne soit mal posée à vos yeux ?

Pendant près de dix ans, une conception assez sélective de la numérisation a prédominé avec l'idée qu'il fallait se limiter aux grands textes, aux écrivains majeurs et aux œuvres fondamentales – je laisse ici de côté la question de la numérisation des collections fragiles pour des raisons évidentes de sauvegarde et de conservation. Née en 1997, Gallica, la bibliothèque numérique de la BNF, obéissait à ce principe anthologique. La philosophie qui présidait à la sélection des ouvrages à numériser relevait d'une approche fine et raisonnée selon des critères définis par diverses autorités – universitaires, érudits, bibliothécaires. Des dossiers proposant des coups de sonde dans les collections thématiques, par exemple « la France en Amérique » ou « Voltaire et la Russie », élaborés en collaboration avec des bibliothèques étrangères, venaient compléter le dispositif, montrant la plus-value que pouvaient apporter les experts par rapport à ce que j'appellerai l'« accumulation primordiale » de données.

Or voilà que cette conception fut mise au défi par le projet de Google, rendu public fin 2004 : numériser et rendre accessibles des dizaines de millions de livres en quelques années. Cette annonce – qui revenait à faire du rêve de la bibliothèque universelle, vieux de deux millénaires, une réalité ! – a provoqué un électrochoc. D'autant que les fondateurs de Google proposaient alors à plusieurs grandes bibliothèques universitaires américaines, ainsi qu'à des maisons d'édition, de numériser leurs fonds.

Dès lors que Google se donnait les moyens de réaliser ses objectifs et de faire passer l'utopie au stade industriel, la philosophie sélective s'est trouvée largement caduque. Non pas que l'idée de sélection soit mauvaise en soi, c'est sa place dans le processus qui s'en est trouvée modifiée : ce qu'une numérisation de masse rend possible, c'est en fait un très grand nombre de sélections et de services possibles.

Je compare souvent l'univers numérique à une pyramide à plusieurs étages : elle offrira d'autant plus d'angles de vue que sa base sera large.

Il faut bien voir qu'il existe une différence fondamentale entre l'univers numérique et l'univers physique. Dans le second, un livre doit être bien rangé, avoir une cote et se trouver au bon endroit, sous peine d'être considéré comme perdu. Le problème de la classification préalable est donc primordial. Dans le monde numérique, il existe une infinité d'ordonnancements possibles, le même objet pouvant se voir assigner plusieurs places différentes. L'internaute le sait, il n'aime pas qu'on choisisse à sa place. Il faut d'abord accumuler les ressources numériques pour mettre au point les outils permettant de les exploiter sur un mode plus intelligent. L'urgence me paraît donc être de renforcer notre présence et notre visibilité sur la Toile, car les langues qui auront pris du retard risquent de se trouver marginalisées.

L'AMBITION DE GOOGLE NOUS INVITE À RECHERCHER DES PARTENAIRES

Dans son ouvrage, Quand Google défie l'Europe *(2005), l'historien Jean-Noël Jeanneney, qui a dirigé la BNF de 2002 à 2007, ne partage pas cette vision et se montre plutôt partisan d'une hiérarchisation des contenus proposés...*

La conception d'un ordre préétabli est obsolète pour les raisons que je viens d'exposer. Il y a une infinité d'ordonnancements possibles pour une bibliothèque numérique.

Il faut bien voir ce que recouvre cette notion. Google œuvre pour le moment à la constitution d'un gigantesque réservoir de ressources numériques. Gallica, en revanche, est une véritable bibliothèque numérique en raison notamment de la très grande qualité des données d'indexation. Mais, je le répète, nous avons besoin de dépasser une masse critique pour permettre ensuite un travail d'élaboration plus fin et plus savant, susceptible de répondre à des besoins mieux ciblés.

La question centrale est donc, à mes yeux, celle des *moyens financiers* : Google a fait la preuve qu'il était possible de numériser en l'espace de deux décennies une partie considérable du patrimoine écrit relevant du domaine public. Or la France a elle aussi dégagé des moyens non négligeables dans le même but. Je dirige la BNF depuis quatre ans et, par rapport à la période précédente, nous enregistrons un changement de rythme complet en matière de numérisation avec 1,3 million de documents numérisés en avril 2011.

Nous ne pouvions plus nous contenter de numériser tranquillement, en mode image, 5 000 à 6 000 ouvrages par an, comme avant. Il fallait passer à une autre échelle – ce qui est chose faite depuis 2008 – et développer des partenariats. Le rodage, au début, ne fut pas facile, mais le processus est désormais au point. J'ai souhaité, en outre, lancer un premier plan méthodique de numérisation des collections rares et précieuses telles que les manuscrits, les estampes, la photographie ou les cartes (soit quelque 20 millions de documents au total). Un plan pour lequel nous avons noué des partenariats avec des entreprises ou des fondations.

Aujourd'hui, je reste plus que jamais convaincu que nous pouvons et devons multiplier les accords avec des partenaires privés – une option que nous aurions vraiment tort de ne pas explorer et à laquelle nous conduit, en tout état de cause, l'emprunt national. Le rapport remis par Marc Tessier en janvier 2010, à la demande du ministère de la Culture, entérine d'ailleurs le bien-fondé d'une numérisation de masse tout en soulignant l'intérêt vital d'un bon référencement de la culture française par les grands moteurs de recherche, double objectif en vue duquel il suggère lui-même des pistes éventuelles de partenariat avec Google. Je reviens à mon point de départ : si l'on veut pouvoir négocier des partenariats dans des conditions équilibrées, il faut être maître de sa politique, disposer d'un bon niveau de moyens propres et, à cet égard, nous espérons que l'emprunt national (dit « grand emprunt ») nous offrira des possibilités supplémentaires. Le 14 décembre 2009, le président de la République rendait ainsi publique sa volonté d'allouer une enveloppe pouvant aller jusqu'à 750 millions d'euros à des projets dans ce domaine, même s'il est apparu depuis lors que les règles d'attribution de ces fonds seraient très rigoureuses.

Souscrivez-vous globalement aux orientations suggérées par Marc Tessier dans son rapport sur la numérisation du patrimoine écrit ?

Cette étude a ouvert des pistes intéressantes, mais les solutions préconisées, dont une plate-forme coopérative réunissant bibliothèques publiques, éditeurs et autres acteurs privés, ont besoin d'être revues. Marc Tessier partait du postulat que le processus de numérisation serait financé par l'État français. En ce qui concerne l'emprunt national, les sommes ne seront débloquées que pour des investissements d'avenir portés majoritairement par le secteur privé. Le schéma que nous avions imaginé au départ – une injection massive de fonds publics, à charge pour nous de les valoriser dans un deuxième temps – a donc profondément évolué.

Quand j'ai ouvert une discussion avec Google au printemps 2009, c'était d'ailleurs en accord avec l'État et même largement à sa demande. Un audit de l'inspection générale des finances, associée à celle des affaires culturelles, avait déjà donné lieu à un échange approfondi sur les modalités de la numérisation. C'est dans ce contexte que la question d'un éventuel partenariat avec Google avait été évoquée : les auditeurs recommandaient de recourir à la firme californienne pour la numérisation de masse des imprimés, l'activité pour ainsi dire la plus « industrielle », et d'accroître l'effort public en faveur des documents rares ou précieux, qui exigent des modalités de numérisation plus « artisanales ». C'est donc dans cet esprit que les discussions avec Google avaient été entamées, mais c'était sans compter avec la tempête médiatique qu'allait susciter cette prise de contact, la polémique éclatant en août 2009 après qu'un article paru dans *La Tribune* avait pu laisser croire à l'imminence d'un accord. En vérité, nous en étions loin, mais cette controverse a mis fin aux discussions avant même que nous ayons eu le temps d'aborder les aspects les plus délicats. Fort heureusement, quelques semaines plus tard, le Premier ministre, François Fillon, déclarait qu'il eût été étonnant de ne pas avoir de discussion avec Google et Frédéric Mitterrand installait de son côté la commission présidée par Marc Tessier, chargée de recueillir tous les points de vue et de faire des recommandations au gouvernement.

RESTER MAÎTRES DE NOTRE POLITIQUE
DE NUMÉRISATION

Justement, quelle est aujourd'hui votre position quant à un éventuel partenariat avec Google ?

Ma position n'a pas changé. J'ai toujours pensé que ce partenariat, s'il se concrétisait, devait intervenir en complément, le point essentiel étant que nous restions maîtres de notre politique de numérisation. Il n'a jamais été question de perdre la maîtrise de notre patrimoine au profit de qui que ce soit. Sans oublier, bien sûr, le problème posé par le litige entre Google et les éditeurs, j'y reviendrai. Dans le cadre d'une stratégie globale et cohérente, toutefois, il m'a toujours semblé qu'il y avait place pour une négociation avec Google, mais je ne recommanderai pas – comme l'a fait l'Italie – de sous-traiter l'ensemble de notre politique de numérisation à la firme américaine. C'est pourquoi la question des retombées de l'emprunt national est cruciale et mobilise aujourd'hui tous nos efforts.

Pourquoi ? Nous sommes finalement placés devant deux hypothèses extrêmes : selon la première, l'État et les bibliothèques publiques devraient se charger de l'intégralité du processus de numérisation de nos fonds libres de droit ; selon la seconde, il s'agirait de tout sous-traiter à Google. Quels seraient exactement, dans cette dernière hypothèse, les inconvénients pour les internautes ? Le fait que Google se contente de normes de qualité relativement peu exigeantes entraîne-t-il des conséquences graves pour les utilisateurs dans leur ensemble ?

Cet obstacle ne joue-t-il pas que pour les usages savants du patrimoine, susceptibles d'être pris en charge par d'autres acteurs ?

Compte tenu de la place occupée par Google sur la Toile – 14 millions de clics par seconde, 90 % de l'accès au Net dans le cas de la France ! –, le bon référencement des ressources numériques d'origine française par le moteur de recherche et une présence sur Google Books représentent évidemment des enjeux vitaux. Les contrats passés entre Google et les bibliothèques ont tous obéi, jusqu'à présent, à peu près au même schéma : la firme prend en charge la numérisation et la conversion en mode texte des ouvrages qui lui sont confiés par la bibliothèque, après quoi Google remet à cette dernière un exemplaire des fichiers numériques correspondants. En contrepartie, le moteur de recherche américain se réserve la possibilité d'exploiter commercialement les œuvres numérisées, par exemple sous la forme d'un service d'impression à la demande. De son côté, le partenaire limite sa liberté et s'engage à ne pas permettre à un concurrent de profiter de l'investissement effectué par la firme, par exemple en téléchargeant massivement les fichiers numérisés. Le vrai problème, à mes yeux, ne vient pas tant du fait que Google réclame une contrepartie pour son investissement. Il ne vient pas non plus du fait que Google ne se préoccupe guère à ce stade des exigences de conservation – tâche essentielle qui incombe d'ailleurs aux bibliothèques et que nous n'envisagerions pas de sous-traiter.

Outre des questions techniques en principe faciles à résoudre, comme la qualité des images, le point le plus problématique, c'est la durée excessivement longue de l'exclusivité demandée par Google, vingt-cinq ans, par exemple, pour la bibliothèque municipale de Lyon. D'autant que, pendant cette durée, qui dépasse de loin l'horizon de toute prévision, les autres moteurs de recherche seraient dans l'impossibilité d'indexer le plein texte des livres numérisés par Google sauf de manière ponctuelle. Toutefois, les derniers accords conclus par Google avec des bibliothèques nationales européennes, en Autriche et aux Pays-Bas, semblent plus réalistes et vont dans le bon sens. J'ajoute qu'il y a d'autres partenaires possibles, Google n'est pas seul concerné. Le but de l'emprunt national est aussi de faire naître des pistes originales. Certains acteurs français et anglo-saxons ont ainsi manifesté leur intérêt. Nous pouvons donc envisager des partenariats diversifiés.

Je crois que les craintes suscitées par le moteur de recherche viennent surtout du caractère prométhéen de son projet et du fait qu'il intervient dans tous les secteurs de la vie. L'ascension fulgurante de l'entreprise, passée en une décennie d'un chiffre d'affaires de 4 millions de dollars à 22 milliards, fait peur. D'autant que ses pratiques inspirent une certaine suspicion, y compris en Europe, à commencer par le profilage des internautes, rendu possible par la mémoire de son système de recherches. Ce profilage est en effet convertible en recettes publicitaires grâce à un ciblage plus ou moins pertinent, mais en tout cas plus fin que les autres moyens inventés jusque-là pour atteindre le client potentiel. Ce qui est sûr, c'est qu'en raison même de son succès, Google sera de plus en plus exposé à la surveillance des autorités européennes ou américaines chargées de la concurrence.

Pour répondre au dernier volet de votre question, je ne pense pas que si Google entrait en jeu, cela changerait grand-chose pour l'usager grand public. Un lectorat plus averti, plus savant ou plus académique pourrait se montrer plus exigeant. À ses débuts, en effet, le programme Google Books souffrait de réelles déficiences dans la qualité des images ou des données de référence. Du point de vue d'une bibliothèque nationale, cette exigence de qualité me paraît fondamentale. C'est en particulier notre ambition pour Gallica, et c'est pourquoi nous devons sans cesse améliorer l'existant.

L'IMMENSE CHANTIER DES ŒUVRES COUVERTES PAR LE DROIT D'AUTEUR

En ce qui concerne les œuvres protégées – un aspect important du problème que nous n'avons pas encore abordé –, on a vu aux États-Unis que Google ne s'était guère embarrassé de scrupules puisque la firme s'est également lancée dans la numérisation massive d'œuvres pourtant couvertes par le copyright. Quels sont, selon vous, les dangers de ce côté-là et les moyens des les pallier ? Plus généralement, quelles perspectives, prometteuses ou inquiétantes, vous paraissent-elles s'ouvrir à cet égard ?

Dans le cadre des accords conclus par Google aux États-Unis, on estime à 6 ou 7 millions le nombre d'œuvres numérisées sans la permission des ayants droit – c'est-à-dire des éditeurs, des auteurs ou de leurs descendants –, tandis que 2 millions supplémentaires l'ont été avec l'autorisation de ces derniers. En décidant de numériser sans se couvrir juridiquement, Google a fait un choix stratégique très risqué. Les responsables de la firme sont partis du principe qu'il était plus efficace et plus rapide d'opérer le moins de tri possible dans les collections des bibliothèques et de les numériser en bloc – ce qui est incontestable. En même temps, Google a tenté d'exploiter au maximum les marges de manœuvre que le droit américain semblait autoriser, notamment la règle du *fair use* qui permet de citer des ouvrages dans d'assez larges proportions, à des fins scientifiques ou culturelles. Au cas où des réactions de rejet se feraient jour, la firme avait tout de même prévu une possibilité d'*opt out*, de refus de la part des auteurs ou des éditeurs, mais en pratique, cette clause s'est révélée inapplicable. En agissant de la sorte, la firme californienne est allée trop vite et trop loin, sans mesurer les réactions que cette politique allait entraîner.

Rappelons en effet que, dès septembre 2005, l'équivalent américain de notre Société des gens de lettres, l'Authors Guild, a poursuivi Google au titre d'une violation massive du droit d'auteur et, un mois plus tard, de nombreuses maisons d'édition américaines lui emboîtaient le pas. Une véritable saga médiatique et judiciaire commençait, laquelle a toutefois trouvé une issue provisoire en mars 2011, avec la décision d'un juge fédéral de New York de casser l'accord du géant du Web avec les auteurs et les éditeurs.

Le problème vient de ce que les œuvres protégées représentent un volume considérable – soit 60 % des fonds de la BNF –, supérieur, donc, à celui des œuvres tombées dans le domaine public. L'initiative prise en la matière par Google, si critiquable soit-elle sur le plan du respect du droit, a mis en lumière le conflit latent entre la durée de protection des œuvres (soixante-dix ans après le décès de l'auteur) et les possibilités de diffusion numérique, seule une minorité d'œuvres protégées se trouvant réellement exploitée.

LES ŒUVRES ORPHELINES, VÉRITABLE « TROU NOIR » DU XXe SIÈCLE

Deuxième difficulté, sans doute la plus épineuse : une grande partie de cette production est aussi constituée d'œuvres dites orphelines, sans ayant droit identifié, et d'œuvres indisponibles dans le commerce. Comment rendre accessible cet ensemble considérable de textes ? Le numérique pourrait leur donner une seconde vie, mais la protection dont ils bénéficient équivaut souvent à un enterrement sans appel. Google a tranché la question par sa politique du fait accompli : la firme numérise, se retrouve avec plusieurs procès sur le dos et tente ensuite de négocier des compromis avec les plaignants à partir d'une position de force. Dans une première phase, et au terme de longues négociations, Google a proposé de dédommager les ayants droit en versant une somme de 45 millions de dollars aux associations qui les représentent. La justice américaine a refusé d'entériner un premier projet de compromis. Il se pourrait aussi que les autorités fédérales conçoivent une législation où chacun pourrait se retrouver. Quoi qu'il en soit, compte tenu de l'investissement réalisé et à moins de détruire des millions de fichiers numériques, ce qui serait absurde, il faudra bien trouver un accord.

Quelle est, à cet égard, la situation en Europe ?

En Europe, rien n'est réglé, d'autant que nous fonctionnons différemment dans le domaine du droit d'auteur. En juillet 2007 – ce fut d'ailleurs une de mes premières initiatives à la tête de la BNF –, j'ai moi-même suscité une réunion avec plusieurs collègues européens, des représentants des bibliothèques nationales et des éditeurs, afin que nous réfléchissions ensemble à un projet de cadre européen définissant les conditions de numérisation des ouvrages protégés. C'est ainsi qu'est né le projet européen baptisé ARROW, Accessible Registries of Rights Information and Orphan Works, l'enjeu étant de bâtir à l'échelle européenne un dispositif qui tienne compte de la diversité des situations nationales.

En mars 2008, avec le ministère de la Culture et le Syndicat national de l'édition, nous avons lancé au Salon du livre une expérience originale concernant des ouvrages sous droits dont la numérisation a été soit réalisée par des éditeurs, soit subventionnée par le Centre national du livre (CNL). Nous avons testé une méthode plutôt opérationnelle : Gallica, la bibliothèque numérique de la BNF, donne accès aux références de l'ouvrage protégé et renvoie le lecteur désireux d'en savoir plus vers une plate-forme de distribution numérique choisie par l'éditeur, où le feuilletage des livres numérisés est possible. L'accès au texte intégral et son téléchargement nécessiteraient l'acquittement d'une somme fixée par l'éditeur. Cette méthode peut facilement s'adapter à de nouvelles évolutions. Plus de 50 000 livres protégés sont actuellement accessibles *via* Gallica. Si nous nous acheminons vers une numérisation de masse, il faudra bien entendu passer à une approche plus collégiale dans la mesure où les éditeurs sont légitime-ment attachés à la propriété de leurs fichiers. C'est l'une des priorités de Frédéric Mitterrand que de faire entrer un tel projet dans le cadre de l'emprunt national, ce qui supposera un certain partage du risque entre l'État et les éditeurs. La BNF y tiendra une place essentielle puisque la numérisation de ces centaines de milliers d'ouvrages se fera à partir de ses collections. Ce sera, je l'espère, l'un des projets emblématiques de l'emprunt national.

Pour les œuvres orphelines, l'idée serait d'indemniser des sociétés spécialisées dans la gestion de droits sachant qu'un éventuel héritier aurait toujours la faculté de se faire connaître et de faire valoir ses droits. Le point cru-cial porte sur l'étendue des recherches à effectuer pour déterminer si une œuvre est orpheline. Si l'exigence est disproportionnée, ces œuvres resteront dans le « trou noir ». Pour les œuvres épuisées ou indisponibles, il faut par contre appliquer un modèle juridico-économique qui permette de rémunérer les ayants droit – un aspect important car des œuvres épuisées et redécouvertes deviennent parfois des best-sellers. Le ministère de la Culture a élaboré un cadre pour ce faire, en étroite concertation avec les éditeurs et les sociétés d'auteurs. Il reste à le traduire en un texte de loi.

JE N'EXCLUS PAS
QUE LA FORME PREMIÈRE DU LIVRE
DEVIENNE NUMÉRIQUE

Pour les livres récents ou les nouveautés, nous sommes en fait dans une problématique similaire, la difficulté pour les éditeurs étant de faire coexister en parallèle deux chaînes ou deux filières : une *chaîne traditionnelle*, la chaîne « papier », avec tout ce qu'elle suppose d'intermédiaires disposés de manière linéaire en une séquence qui aboutit, en fin de parcours, au libraire ; et une *chaîne numérique* qui, elle, peut placer directement l'utilisateur en contact avec l'éditeur et n'implique pas du tout la même logistique. Se pose aussi le problème du prix de revient du livre au format numérique, substantiellement inférieur à celui du livre papier.

Sur ce point, certains éditeurs suggèrent de vendre les livres numériques moitié moins cher que leur version classique. D'autres considèrent que le numérique risque de tuer le livre papier à brève échéance. Quel est votre sentiment sur la question ?

D'après les enquêtes menées sur le sujet, le public, intuitivement, estime lui aussi que le numérique doit entraîner une baisse des prix de l'ordre de 50 %. Le problème est qu'il existe un écart sensible entre cette attente et la position de la majorité des éditeurs, qui envisagent plutôt un rabais de 20 à 25 %. Une fois de plus, la difficulté va consister à faire coexister deux filières dotées d'une économie très différente pour des livres similaires, dits homothétiques. Pour autant, cela a pu être fait pour le film et ses versions vidéo. De plus, mettre en place une filière numérique suppose des investissements importants qui ne seront pas immédiatement rentables. En même temps, on voit avec l'iPad que le public est dans l'attente d'un objet commode et que nous sommes parvenus au stade où l'on peut lire agréablement un ouvrage au format numérique sur une liseuse très au point. Les modèles ne cessent d'ailleurs de se perfectionner. Le nombre d'appareils de lecture (ou « liseuses ») pourrait ainsi passer, dans le monde, de moins de 1 million en 2008 à plusieurs dizaines de millions en 2013. Le lancement de la tablette iPad par Apple, en janvier 2010, a non seulement constitué un événement mondial, mais son succès démontre qu'un basculement est en cours. Parallèlement, l'offre gratuite ou payante explose. Les conditions pour une rapide évolution des usages sont donc réunies.

Bref, il apparaît certain à plus ou moins court terme qu'on ne pourra pas maintenir le prix du livre numérique à un niveau artificiellement élevé, d'autant que les éditeurs classiques auront à faire face à la concurrence de confrères passés au tout numérique. On constate au demeurant que la demande numérique a décollé de manière spectaculaire aux États-Unis. Voyez Amazon qui, désormais, y vend plus de livres numériques que de livres papier grâce à un modèle où la marge est dégagée sur les liseuses — son fameux Kindle. En France, le phénomène n'en est qu'à ses débuts, mais la Fnac, par exemple, s'est d'ores et déjà associée à Sony et à Hachette.

Si l'on se projette dans un avenir un peu plus lointain, je n'exclus pas que la forme première du livre devienne numérique pour une très grande partie, sinon la majorité de la production éditoriale, tandis que l'impression se fera à la demande – mais il restera toujours des livres papier, notamment de très beaux livres d'art.

Quid de l'avenir des librairies, le dernier maillon de la chaîne classique ? Pensez-vous qu'elles soient appelées à disparaître ?

Les librairies ne disparaîtront pas si elles savent s'adapter. Le libraire est sans doute l'acteur le plus menacé par le développement du livre numérique, mais les plus dynamiques pourront tirer leur épingle du jeu. Voyez l'Espresso Book Machine (la « machine espresso du livre ») mise en place par Google dans quelques grandes librairies américaines : elle imprime et relie sous les yeux des clients un titre depuis longtemps épuisé ou introuvable, et vous avez un vrai livre pour un prix très modéré. La commande pouvant se faire chez le libraire, on voit bien la commodité du service par rapport à l'impression à domicile ou au téléchargement. La qualité est souvent excellente et comporte plusieurs options – on peut par exemple demander une couverture souple ou cartonnée. Ce n'est d'ailleurs pas un hasard si le groupe Hachette a décidé de s'allier au leader américain en ce domaine.

À la suite du rapport élaboré par Antoine Gallimard, l'État a récemment institué, en France, un « label de qualité » déjà attribué à 600 librairies, de façon à pouvoir leur apporter un soutien financier. C'est aussi un encouragement, pour la profession, à s'organiser et à mutualiser un certain nombre d'outils modernes, ce qui est absolument indispensable. Ce commerce de proximité qu'est la librairie devrait donc pouvoir trouver sa place dans une nouvelle économie du livre, à condition de s'ouvrir aux nouvelles pratiques, jouant aussi sur la qualité du conseil et le besoin de lien social. *A priori*, les librairies seront probablement moins nombreuses, elles devront être assez vastes et situées de préférence en centre-ville. Celles qui se maintiendront auront des activités diversifiées et seront de véritables centres culturels, organisant des rencontres avec les auteurs ou des débats – pratique qui, d'ailleurs, n'a pas attendu le numérique pour se développer chez les libraires les plus dynamiques. Leur position n'en restera pas moins fragile et, encore une fois, une partie de ce secteur devra probablement bénéficier d'aides publiques.

LES ÉDITEURS DEVRAIENT
SE MONTRER VISIONNAIRES

Dans leurs interventions publiques, les représentants des grands acteurs de la filière, ainsi que les auteurs de rapports officiels, présentent souvent une vision lénifiante de l'avenir des différents métiers du livre, l'idée étant qu'avec le numérique, tout le monde retrouvera sa place avec quelques aménagements. Quand on discute de façon plus concrète avec les partenaires concernés, on a au contraire le sentiment que le paysage risque d'être bouleversé...

Le développement du numérique peut entraîner une fragmentation et une recomposition de la chaîne traditionnelle du livre. Le fait nouveau – et c'est pourquoi je tends à raisonner en termes d'alliance possible – vient de ce que, dans la chaîne numérique, se positionnent désormais des acteurs extérieurs aux métiers du livre mais qui représentent de gigantesques puissances financières – même le premier groupe français est très loin de disposer des moyens financiers des Google, Apple, Amazon ou Microsoft. Les éditeurs, je le répète, ont donc vraiment intérêt à se poser la question de savoir non seulement où sont leurs intérêts communs, mais aussi comment choisir leurs alliés, car les nouveaux acteurs dont je viens de parler se livrent entre eux une concurrence acharnée.

Nous nous trouvons dans une phase de tâtonnements et d'exploration. Et il ne faudra pas manquer la marche, car s'il est une certitude qui, au moins, s'impose, c'est que ceux qui resteront à la traîne ou se cantonneront à la défensive seront vite marginalisés, sinon éliminés. Plusieurs scénarios sont certes envisageables, mais le moins probable reste assurément celui d'une résistance héroïque du livre papier et de la chaîne traditionnelle. À l'inverse, un triomphe absolu du livre numérique n'est pas à exclure, surtout si les acteurs traditionnels (auteurs, éditeurs, libraires) avancent en ordre dispersé face aux géants de l'Internet. Quoi qu'il en soit, il me semble que nous devons envisager à terme, pour le livre comme pour la presse, un monde où le poids du numérique fasse jeu égal ou même l'emporte sur celui du papier. C'est déjà le cas pour l'édition scientifique et les chercheurs s'y sont parfaitement adaptés. Je pense qu'il en ira de même pour le scolaire. L'économie Internet permet en outre à des domaines réduits aujourd'hui à la portion congrue, comme la poésie ou les éditions savantes, de gagner en visibilité. Il ne faut donc pas trembler à la pensée de l'avenir, mais être visionnaires...

Si Amazon et Google en viennent à envisager de devenir eux-mêmes éditeurs, laissant entendre qu'ils pourraient faire bénéficier les auteurs les plus en vue de rémunérations très supérieures à ce que proposent les éditeurs classiques, la concurrence n'a-t-elle pas du souci à se faire ?

Google se positionne comme libraire – c'est la bonne traduction de « Google Editions » qui vient de se lancer –, mais s'il voulait devenir éditeur, il en aurait parfaitement les moyens. On peut même imaginer qu'il se mette à racheter des maisons d'édition ou à recruter ici et là des éditeurs compétents. Des auteurs à succès se lient déjà directement à Amazon. Compte tenu de la disproportion des puissances, les éditeurs trouveraient avantage à bien identifier leurs intérêts communs de façon, le cas échéant, à être en position de négocier avec les géants de la Toile dans de bonnes conditions.

On voit aussi que des écrivains, tel François Bon en France avec Publie-net, commencent à créer de leur côté des coopératives d'auteurs qui court-circuitent les éditeurs établis. L'initiative n'est pas absurde puisque la quote-part des droits qui leur revient est, du coup, très supérieure à celle que consentent les maisons d'édition traditionnelles. Il n'est pas sûr qu'en fin de compte, ce soit plus rémunérateur pour les auteurs car l'effet « marque » de l'éditeur traditionnel est décisif. Cela montre bien que la chaîne du livre bouge de tous les côtés.

Certains éditeurs estiment que l'instauration d'un prix unique européen du livre serait possible. Mais si le marché numérique tend à s'organiser à l'échelle mondiale, comment espérer fixer un prix dans un tel contexte ?

Si l'on veut préserver une édition de qualité, si l'on veut maintenir la diversité et l'exigence de la création, il ne faut pas que les prix soient uniquement dictés par des considérations commerciales, souvent fort éloignées de la qualité intrinsèque des ouvrages. Il est donc primordial qu'il revienne aux éditeurs de les fixer. Pour l'heure, et dans l'esprit de beaucoup, la chaîne traditionnelle du livre demeure une sorte de référence idéale mais, dans l'univers numérique, elle sera très difficile à maintenir. Elle le sera d'autant plus que le livre numérique ne se contentera sûrement pas d'être un pur fac-similé du livre papier. Si tel était le cas, la question de la fixation du prix s'en trouverait simplifiée. Avec les fichiers numériques, le même produit initial peut se voir enrichi de toutes sortes de couches supplémentaires : on peut ajouter de la musique, de la vidéo, une interview de l'auteur, une sélection de critiques, etc. Au point qu'on peut se poser la question, notamment sur le plan juridique, de savoir s'il s'agit alors du même objet.

À l'instar de l'imprimerie en son temps, la révolution numérique induira forcément, dans ce domaine, des bouleversements importants. Il faudra donc adapter le prix unique du livre papier à ce nouvel objet hybride et imaginer de nouvelles formes de régulation si l'on veut éviter que la création soit bradée et les ayants droit floués. Mais, au bout du compte, les économies que permet la diffusion numérique peuvent contribuer de manière décisive à une démocratisation de l'accès aux textes comparable à celle que l'imprimerie a provoquée en son temps.

LE RÊVE CHIMÉRIQUE
D'UN « ALGORITHME EUROPÉEN »

Si l'on prend prioritairement en vue les deux bouts de la chaîne, l'auteur à une extrémité et le lecteur à l'autre extrémité, peut-on raisonnablement espérer que l'Union européenne se dote d'un cadre législatif à même de préserver les droits des créateurs ? Vous semblez préconiser sur ce point une collaboration entre les institutions publiques européennes, Google et d'autres partenaires privés...

C'est d'ores et déjà ce qui se passe au niveau européen : dans une large mesure, le mouvement se développe sous nos yeux. Pour commencer, Google a déjà pris une avance substantielle en Europe dans la numérisation du patrimoine écrit pour tout ce qui relève du domaine public. La firme californienne a su très astucieusement négocier au cas par cas et signer des accords dans tous les pays importants de l'Union. Reste qu'il n'est pas trop tard pour une action collective européenne, car il y a encore matière pour une discussion avec Google, mais il faudrait que l'Europe sache se présenter unie dans ses exigences. Celles-ci doivent porter principalement, à mes yeux, sur le respect du droit d'auteur et la portée des contreparties à accorder aux partenaires privés en général.

Reste, dans le cas de la France, une inconnue que j'ai déjà évoquée : comment va-t-on concrétiser les priorités affichées dans le cadre du grand emprunt annoncé fin 2009 ? Un vaste programme de numérisation soutenu par l'État pourrait s'avérer extrêmement précieux pour les éditeurs car il pourrait permettre, entre autres, de numériser en masse les œuvres épuisées. Le président de la République a parlé de « grand partenariat public-privé ». Nous travaillons donc sur toutes les options, chose qui est désormais possible depuis que les critères d'éligibilité à l'emprunt national ont été clairement fixés.

Si nous vous comprenons bien, on en revient donc, pour l'Europe, à la nécessité d'un partenariat avec Google. Par où se repose l'épineuse question de l'exclusivité demandée par le moteur de recherche...

J'ai toujours conçu l'éventualité d'un partenariat avec Google comme un *complément à l'effort public*. Dans la stratégie en quatre axes que j'avais exposée à l'été 2009 au ministre de la Culture, Frédéric Mitterrand, lors de sa prise de fonctions, il s'agissait de ne faire appel à Google que sur le premier axe, le processus de numérisation des livres du domaine public. Pour les trois autres – un chantier massif de sauvegarde de la presse du XIXe siècle, des collections sonores et audiovisuelles et des collections rares de la BNF tels les manuscrits ou les cartes –, il s'agissait à la fois d'en appeler à un réel effort public et de rechercher d'autres partenaires. Par prudence, on aurait pu au départ limiter la discussion avec Google à un plus large référencement de nos données – c'eût été une option possible qui aurait dédramatisé le sujet tant notre intérêt est évident sur ce point.

Quoi qu'il en soit, Google est incontestablement le vecteur d'une évolution décisive de nos modes d'accès à la connaissance qui se serait produite de toute manière. Dès lors que la firme californienne comprendra que, l'heure étant à la négociation, elle doit faire des concessions sur le respect de la vie privée comme du droit d'auteur, j'ai bon espoir que nous pourrons délimiter les champs où une réelle convergence d'intérêts sera possible. En matière de diffusion du patrimoine, cela me paraît une évidence – nous avions déjà identifié des domaines éventuels –, mais ce pourrait bien l'être aussi pour ce qui touche aux œuvres protégées, c'est-à-dire pour les auteurs et les éditeurs, comme cela se dessine aux États-Unis. Pour cela, il faut absolument sortir de l'ère du fait accompli, et si possible au niveau européen.

Sur la suggestion de Frédéric Mitterrand, la Commission européenne a d'ailleurs demandé à trois « sages » – dont Maurice Lévy – de lui faire des propositions. Elles ont été remises en janvier 2011 et vont tout à fait dans le sens que je souhaitais.

Vous ne voyez donc pas le portail Europeana, embryon de la future bibliothèque numérique européenne, se substituer à Google ?

Je suis convaincu qu'Europeana est appelé à devenir un site très important à terme, mais nous sommes encore loin du compte. Pour bien saisir les enjeux, il faut revenir aux circonstances qui ont présidé à la création d'Europeana en 2005. Après l'annonce faite par Google que la firme se lançait dans un programme de numérisation sans précédent, alors même que les relations transatlantiques étaient très dégradées et que le référendum sur l'Europe approchait, l'esprit qui dominait en 2005 était plutôt martial. En effet, qu'entendait-on ici et là ? Qu'il fallait contre-attaquer d'urgence face à l'offensive de l'ogre américain. Mon prédécesseur à la tête de la BNF, Jean-Noël Jeanneney, se fit lui-même l'ardent porte-parole d'une « contre-offensive » européenne et d'une opposition déterminée à l'entreprise de Google.

Je me suis longuement attaché à démontrer dans un livre précédent, *Google et le nouveau monde* (2010), en quoi l'angle d'attaque contre Google était erroné sur plusieurs points essentiels. Le reproche d'une numérisation « en vrac » – alors que Google numérise les collections des plus remarquables bibliothèques universitaires – et la chimère d'un « algorithme européen » qui permettrait de classer les ressources numériques en fonction d'on ne sait quelles « valeurs européennes » n'ont aucune solidité. À quelques semaines du référendum sur la Constitution européenne, le président Jacques Chirac a vu l'intérêt politique que pouvait présenter l'annonce d'un grand projet culturel européen et s'en est donc saisi, sans que le vote des Français, hélas, en ait été affecté. Pour crédibiliser la démarche, la BNF s'était chargée de mettre au point un prototype de démonstration, baptisé Europeana. À partir de là, les choses se sont compliquées. Tout d'abord, la Commission a donné sa préférence à une vision très large, non limitée au domaine du livre, mais étendue à la totalité du patrimoine culturel, audiovisuel compris, une ambition qui, pour devenir réalité, supposait des moyens financiers considérables. Qui plus est, l'ouverture du site, en novembre 2008, donna lieu à un incident, le nombre de connexions en provenance du grand public dépassant les capacités du serveur, si bien que celui-ci resta indisponible jusqu'à la fin de l'année… Il a donc fallu rattraper la pente.

Ce n'est pas tout : à la différence de Gallica, l'infrastructure d'Europeana ne lui permet pas d'héberger les fichiers, si bien que le portail ne fait que donner accès aux ressources numériques des institutions partenaires. En outre, le livre apparaît comme le parent pauvre des documents accessibles, malgré la contribution de la BNF, la numérisation des bibliothèques étant très coûteuse. Or la Commission européenne n'entend pas financer cette numérisation car elle estime que celle-ci est principalement du ressort des États, lesquels, pour la plupart, n'en font pas une priorité – encore moins depuis la crise financière.

GOOGLE, LE GRAND MÉCHANT LOUP
DANS NOS BIBLIOTHÈQUES ?

De tout cela, il ressort que si la bibliothèque numérique européenne au sens où nous l'entendions au départ, c'est-à-dire composée de livres, a bien pris forme, c'est chez Google ! Un exemple : en 2010, Goethe en allemand restait introuvable sur Europeana, qui ne donne accès qu'à sa traduction… en français ou en hongrois. En revanche, le texte original est depuis longtemps accessible sur Google Livres. Surtout, la firme américaine a entrepris une numérisation massive d'ouvrages issus du domaine public dans les principaux pays européens : Grande-Bretagne, Allemagne, Espagne, Italie, Autriche, Pays-Bas, Belgique, Suisse, Danemark, et même la France avec la bibliothèque de Lyon. Il ne sert à rien de se voiler la face sur ce point. Europeana, de son côté, en agrégeant des ressources numériques hétéroclites et de toutes origines, comportant peu de livres, a paradoxalement abouti au triomphe du vrac tant reproché à Google par certains. Tous ces défauts sont bien entendu corrigibles sur le long terme et je demeure convaincu qu'Europeana reste un des projets les plus ambitieux de l'Union européenne, mais l'Europe devra résoudre la question des moyens – soit qu'elle démultiplie son propre effort, soit qu'elle négocie des alliances équilibrées. J'observe enfin, non sans amusement, que l'audience d'Europeana a été très faible jusqu'au jour où un accord a été trouvé avec Google pour son référencement !

On retombe sur la question de l'exclusivité. Quels problèmes pose-t-elle réellement à vos yeux ?

Il faut bien voir que l'exclusivité demandée par Google est double. Il y a d'abord l'exclusivité sur l'exploitation commerciale des données, par exemple l'impression des fichiers à la demande. Sur le principe, il me semble acceptable qu'un partenaire qui réalise 100 % de l'investissement demande des contreparties commerciales. En soi, ce principe ne me choque pas. Mais, comme toujours dans une négociation, les clauses peuvent être léonines ou au contraire équilibrées. Quand Google réclame vingt-cinq ans d'exclusivité, ce n'est pas acceptable de mon point de vue et, du reste, les accords les plus récents sont plus raisonnables. Second type d'exclusivité : Google entend être protégé contre les moteurs de recherche concurrents. Certes, Google ne réclame pas de monopole d'accès – les fichiers numérisés par la firme seraient librement accessibles sur un site tel que Gallica, et l'on comprend qu'il ne serait pas admissible pour Google de voir un de ses concurrents s'approprier massivement ce qui aura été numérisé par la firme californienne, mais tout est dans la nature et la portée des restrictions ! Avec l'ensemble des bibliothèques nationales européennes, nous avons essayé d'indiquer des principes qui nous paraissent équilibrés et nous en avons fait part au comité des sages européen.

Si on tape le titre d'une œuvre française sur Google, trouve-t-on immédiatement le fichier Gallica ?

Si le titre en question a été numérisé par la BNF, il ne sera pas automatiquement indexé par Google et il faudra entrer directement sur Gallica pour connaître son existence. D'où l'intérêt que nous aurions à discuter avec les moteurs de recherche, Google ou Bing en particulier, pour garantir un bon référencement de nos données. Je regrette surtout que, quand Google a lancé son grand projet en 2005, nous soyons partis sur la base d'une compétition ou d'une confrontation, sans même nous poser la question de savoir si un accord collectivement négocié aurait été envisageable ! Je trouve très regrettable que l'Europe n'ait pas su dire d'une seule voix à Google : « Votre proposition nous intéresse, mais nous avons un certain nombre d'exigences à faire valoir et nous les défendrons ensemble. »

PARTAGE DES RÔLES :
À GOOGLE LA NUMÉRISATION,
AUX BIBLIOTHÈQUES
LA CONSERVATION DES FICHIERS ?

Nous touchons ici à cet autre aspect délicat que représente la maintenance et la mise à jour des fichiers, Google estimant que ces tâches reviennent aux bibliothèques. Jean-Noël

Jeanneney et Marc Tessier s'étendent beaucoup, l'un et l'autre, sur cet inconvénient. Comment voyez-vous les choses ?

Je vois ici deux problèmes. Dans l'univers numérique, la conservation des données doit être pensée comme un processus – les fichiers numériques peuvent être endommagés, la reconnaissance optique des caractères se perfectionne –, à la différence du livre papier qui suppose des conditions de conservation stables. Cela signifie que la copie du fichier que reçoit la bibliothèque partenaire de Google ne saurait être simplement conservée passivement, sans quoi elle risque de devenir très vite inaccessible ou obsolète. Il ne suffit pas de numériser, il faut assurer la conservation pérenne des fichiers ; or ces opérations sont presque aussi coûteuses que la numérisation elle-même. Il faut pouvoir détecter des anomalies, procéder à d'éventuels changements de format, etc. Il en découle que si les bibliothèques publiques ne veulent pas investir un centime dans la préservation des fichiers, elles seront très vite acculées à une impasse, Google possédant en revanche les moyens intellectuels et financiers d'assurer cette fonction. Le moteur de recherche pourrait donc rentabiliser deux fois son investissement en s'occupant de la maintenance.

La BNF a beaucoup investi dans ce domaine, partant du principe que nous ne pouvons confier la conservation de notre patrimoine écrit à une entreprise privée dont la pérennité n'est évidemment pas garantie. Quoi qu'il arrive, les bibliothèques européennes devraient se dépêcher d'investir dans ce secteur. La BNF fait déjà figure de pilote dans ce domaine avec le système SPAR (Système de préservation et d'archivage réparti) mis en chantier en 2007, un système intelligent qui se veut beaucoup plus qu'un « garde-meubles numérique » et qui est conçu pour permettre la collaboration avec d'autres partenaires. Cela coûte cher, évidemment, la BNF ayant investi 15 millions d'euros entre 2005 et 2009 pour constituer cette infrastructure, autant que les crédits affectés à la seule numérisation.

Pourquoi ne pas imaginer une sorte de partage des rôles dans lequel Google s'acquitterait seul de la numérisation tandis que la BNF prendrait en charge le processus de conservation et d'actualisation, quitte, au passage, à améliorer le formatage des fichiers pour les rendre compatibles avec les critères de la recherche savante ? Ce scénario vous semblerait-il envisageable ?

Ce fut précisément l'un des points abordés avec les représentants de Google en 2009. Le raisonnement consistait à économiser sur la numérisation proprement dite, un processus assez au point aujourd'hui, afin d'investir davantage sur les documents précieux et le perfectionnement des outils d'exploitation des contenus. C'est aussi l'option retenue par le directeur des bibliothèques de l'Université Stanford, qui a choisi d'économiser sur le coût de la numérisation de masse afin d'investir en priorité dans la mise au point des outils d'exploitation au profit de la communauté des chercheurs, des étudiants et du public cultivé. Il a pour cela monté des partenariats avec plusieurs laboratoires extérieurs de recherche, notamment au Japon. Je pense que nous avons là un défi très stimulant à relever, d'autant que le moteur de recherche de Google Livres reste à cet égard relativement rudimentaire. L'emprunt national pourrait utilement contribuer à renforcer la position de nos entreprises dans ce domaine qui, au sens propre, relève de l'économie de la connaissance.

Pourquoi ne proposez-vous pas ce modèle ? Estimez-vous que ce partage des rôles ne serait pas « politiquement jouable » ?

On en revient toujours aux conditions d'une négociation où nous serions capables de nous présenter en position d'obtenir un accord équilibré. Il y a deux préalables à lever : le premier concerne le respect du droit d'auteur, c'est-à-dire que Google doit absolument trouver un *modus vivendi* avec les éditeurs ; l'autre est lié aux perspectives de l'emprunt national, qui se précisent mais restent encore à concrétiser car, je le répète, il est de notre intérêt d'avoir une multiplicité de partenaires.

L'AVANCE FRANÇAISE
N'EST PAS GARANTIE

La BNF se trouve-t-elle à cet égard dans la même position que les autres bibliothèques européennes ?

La situation de la BNF est meilleure du fait même des investissements déjà réalisés. Mais, encore une fois, et à supposer que nous parvenions à un accord acceptable, il ne serait pas possible de confier à Google l'ensemble de notre processus de numérisation, une part considérable de notre production (presse du XIXe siècle, livres anciens) étant trop fragile pour être numérisée par le moteur américain. La case où l'on pourrait envisager un partenariat avec Google correspond à une fraction de l'ensemble, une part qui n'excède pas 10 ou 20 % de nos imprimés, ce qui représenterait malgré tout plusieurs dizaines de millions d'euros. On voit donc que si l'on se situe dans l'optique d'une politique globale de numérisation, la polémique anti-Google a incontestablement dérapé.

Il existe en outre d'autres partenaires possibles. Ainsi, la British Library a-t-elle réussi à intéresser un nouveau partenaire, plus proche du monde académique que Google, à la numérisation de la presse quotidienne anglaise de son fonds, soit plusieurs millions de pages issues de la partie la plus fragile des collections. L'exclusivité demandée est de dix ans, période durant laquelle ce n'est qu'à l'intérieur de la British Library que l'accès sera gratuit pour les utilisateurs. Ce modèle est donc différent de celui de Google et comporte des restrictions temporaires d'une autre nature. Un autre exemple nous est fourni par la bibliothèque nationale d'Espagne, qui a trouvé dans Telefonica un soutien non négligeable pour le développement d'outils de mise en valeur des ressources numériques, tels ces logiciels qui permettent de déchiffrer de magnifiques manuscrits liturgiques du Moyen Âge et d'entendre simultanément leur interprétation en chant grégorien.

De tels partenariats nous permettraient par exemple de numériser des millions de pages tirées de la presse française du XIXe siècle, tout en réalisant une économie considérable. Une chose est sûre : l'État devra faire une synthèse de toutes ces considérations et décider jusqu'à quelle hauteur, et avec quelles contreparties, il souhaite investir dans la numérisation à côté de partenaires privés.

La question de la quantité, on l'a dit, est également cruciale. La situation de la BNF est-elle également différente sur ce point ?

À la BNF, nous avons incontestablement pris de l'avance sur d'autres bibliothèques européennes puisque nous numérisons aujourd'hui près de 13 millions de pages par an et que 230 000 livres de ses collections sont déjà disponibles sur Gallica. Pour l'heure, nous sommes donc en bonne position en Europe. Toutefois, puisque Google numérise des millions de livres chez nos voisins, nous pouvons être dépassés. Jusque-là, nous avons fortement mis l'accent sur l'imprimé, principalement le livre, les revues et les périodiques. La numérisation de la presse se fait, elle, à un rythme beaucoup plus lent et, jusqu'en 2009, nous avons laissé de côté d'autres collections plus compliquées à numériser bien que susceptibles de créer d'intéressantes synergies – ainsi des collections de photographies, de cartes ou d'illustrations. Il y a pourtant là de véritables trésors. J'ai souhaité que nous commencions à combler cette lacune, mais nous sommes encore très loin du compte.

Dans ce secteur, celui des fonds spécialisés, l'emprunt national pourrait donner une dimension plus collective à la numérisation de l'imprimé. 60 % des ressources françaises sont en effet hébergées par la BNF, mais d'autres bibliothèques, universitaires ou municipales, possèdent des sous-ensembles plus complets. C'est également vrai pour la bibliothèque de Lyon, la ville ayant été, au XVIe siècle, une des capitales de l'imprimerie. Une approche concertée serait bienvenue. En tout état de cause, l'avance française n'est pas garantie, même si nous sommes encore dans des ordres de grandeur comparables aux performances de

Google, et c'est pourquoi il est dans notre intérêt de ne négliger aucune source possible de numérisation.

UNE EUROPE UNIE AURAIT PU FIXER
UN CADRE POUR ÉVITER
LA DOMINATION DE GOOGLE

Dans cet ordre d'idée, Marc Tessier suggérait que l'on propose à Google un partenariat fondé sur un échange de fichiers. L'idée vous semble-t-elle pratiquable ?

Marc Tessier avait également suggéré la possibilité d'une plate-forme commune de numérisation qui serait tout à fait dans l'esprit de l'emprunt national. Toutes ces préconisations peuvent constituer de bons points de départ pour de futures discussions dès lors que les conditions en seront réunies. L'ampleur des collections de la BNF fait qu'il peut y avoir de la place pour tous ! Je reste convaincu que la firme californienne pourra encore apporter son concours à notre patrimoine culturel pour occuper une place de premier plan dans le nouveau monde numérique. Si nous savons faire respecter nos exigences, Google pourrait même devenir un promoteur de l'« exception culturelle » française. Nous y parviendrons d'autant plus que notre effort national ne se relâchera pas !

Avez-vous rétrospectivement un regret ?

Ce que je regrette le plus, c'est que l'Europe n'ait réfléchi en 2005 ni aux conditions d'un partenariat équilibré avec Google sans exclusive, c'est-à-dire sans monopole, ni aux moyens qu'il aurait fallu engager pour lancer une alternative crédible. Du coup, elle a perdu sur les deux tableaux : les accords conclus avec Google par des bibliothèques européennes auraient pu être plus favorables : il y aurait aujourd'hui des centaines de milliers, voire des millions de livres, sur Europeana. Unie, l'Europe aurait pu fixer un cadre inattaquable pour éviter le monopole et faire respecter le droit d'auteur. Peut-être la tentative n'aurait-elle pas abouti, mais cela valait à coup sûr la peine d'essayer. Aujourd'hui, alors que les États sont exsangues, l'Union vient tout juste de demander à un comité des sages de lui faire des propositions… Aussi, selon l'ampleur de son effort national, la France a-t-elle un rôle essentiel à jouer en Europe pour montrer que de tels partenariats, loin de constituer un abandon, nous permettront d'atteindre plus vite nos objectifs.

Numérisation de la culture :
Pour une riposte européenne
au moteur de recherche californien

Entretien avec Jean-Noël Jeanneney

Historien renommé, professeur à Sciences Po, animateur de l'émission *Concordance des temps* sur France Culture et président de la Bibliothèque nationale de France de mars 2002 à mars 2007, Jean-Noël Jeanneney a été l'un des premiers à réagir, en France, à l'annonce, par les dirigeants de Google, de leur projet de numériser 15 millions de livres en six ans. Aux yeux de cet ancien secrétaire d'État alors chargé de veiller sur une partie de l'héritage intellectuel français, l'événement apparaît considérable. Jean-Noël Jeanneney invite donc à un sursaut et publie, dans *Le Monde* du 25 janvier 2005, une tribune intitulée « Quand Google défie l'Europe », titre d'un ouvrage publié dans la foulée aux Éditions Fayard (Mille et Une Nuits) au mois de mai, réédité à trois reprises et aujourd'hui traduit dans seize langues. La thèse centrale souligne les dangers qu'il y aurait à confier de manière exclusive la numérisation et la mise en ligne du patrimoine culturel européen à une entreprise commerciale américaine mue par la recherche du profit à court terme et peu soucieuse de la diversité culturelle comme des droits des auteurs et des éditeurs.

La discussion allait dès lors s'ouvrir dans la plupart des pays européens en même temps que le président Jacques Chirac, s'inquiétant du dossier, apportera en 2005 son soutien à la création d'une bibliothèque numérique européenne, Europeana, inaugurée en novembre 2008. À partir d'août 2009, voilà toutefois que l'« affaire BNF-Google » fait la première page de nos quotidiens. Le 14 décembre 2009, cinq ans jour pour jour après l'annonce de Google et une vive controverse médiatique, le président Nicolas Sarkozy signifie son intention de consacrer une partie du grand emprunt national à la numérisation du patrimoine écrit français. Jean-Noël Jeanneney salue la nouvelle avec satisfaction, mais estime que la vigilance est plus que jamais de mise. Quant à l'Union européenne, laquelle a nommé un comité des sages formé de trois membres, il ne serait pas trop tard, selon Jean-Noël Jeanneney, pour qu'elle impose sa propre politique de numérisation. Question, en somme, de volonté politique. Il en va de même, à ses yeux, pour les éditeurs, gardiens des œuvres sous droits, qu'il invite à s'unir face à l'appétit de géants du Net forcément tentés, selon lui, par le vertige de la toute-puissance.

A. L.-L.

Lorsque Google a annoncé, à la fin de l'année 2004, son projet de créer une bibliothèque numérique universelle, vous présidiez alors aux destinées de la Bibliothèque nationale de France (BNF) et aviez été l'un des premiers à mettre en garde contre les risques d'un quasi-monopole consenti à la firme. Pourriez-vous revenir sur les principaux arguments de principe qui vous incitent à craindre une hégémonie du moteur de recherche américain sur l'accès au contenu des livres numérisés ?

Ma position concernant l'éventualité d'une entente entre les bibliothèques publiques européennes et Google pour la numérisation massive de leurs collections a toujours été très claire. Je n'ai jamais refusé la coopération entre plusieurs partenaires, y compris avec Google. Ce qui me paraît radicalement inacceptable, c'est l'inégalité des accords proposés par la multinationale américaine. D'un côté, les bibliothèques, fortes de leur vocation patrimoniale, apporteraient généreusement leurs trésors à numériser, tels qu'ils ont été conservés et entretenus depuis des générations aux frais de la nation ; de l'autre, une entreprise planétaire géante récolterait le bénéfice de ces efforts sous une fausse apparence de gratuité en mettant indirectement en vente l'usage de ces œuvres à travers la valorisation publicitaire.

Du 14 décembre 2004, quand Google annonça son plan de numérisation massive, au 14 décembre 2009, date à laquelle le président de la République, Nicolas Sarkozy, faisait savoir qu'une partie importante des fonds du grand emprunt serait dévolue à la numérisation du patrimoine culturel français, ma position n'a pas varié : il ne me semble pas acceptable de confier à un seul moteur de recherche enraciné dans la culture américaine et vivant de la publicité la responsabilité du choix des livres, la maîtrise planétaire de leur accès et de leur forme numérisée, sans parler de la quasi-exclusivité de leur indexation sur le Net, car Google entend en fermer l'accès à tous les autres moteurs de recherche concurrents. Et le tout au service de quoi ? Des gains commerciaux d'une firme dont la philosophie dominante demeure celle du profit à court ou à moyen terme.

GOOGLE PROPRIÉTAIRE
DE NOTRE HÉRITAGE CULTUREL :
UN MARCHÉ DE DUPES

Je ne nourris pas d'hostilité particulière à l'égard de Google, contrairement à ce que certains ont prétendu, et je ne nie en rien le remarquable talent de ses fondateurs. En somme, l'entreprise est dans son rôle et elle fonctionne selon sa logique propre, qui est celle du marché. Cependant, accepter d'abandonner à Google la propriété exclusive des fichiers numériques des œuvres constitutives de notre culture et lui donner le monopole de leur utilisation sur plusieurs décennies, cela revient tout simplement à en déposséder la collectivité nationale. Une telle démission serait infiniment attristante.

Vous auriez été prêt à bénéficier d'une forme de mécénat ?

En attendant d'être en position de force pour négocier un éventuel accord équitable, la formule du mécénat est précisément celle que j'avais proposée, dans un premier temps, aux commerciaux de l'entreprise de Mountain View que j'avais moi-même reçus lorsque j'étais à la tête de la BNF, avec leurs attachés-cases et leurs stylos siglés « Google » dont ils avaient voulu me faire cadeau. J'ajoute, contrairement à ce qu'a prétendu mon successeur, Bruno Racine, que je n'ai jamais envisagé de baisser pavillon devant Microsoft. J'avais effectivement accepté une conversation avec ses représentants quand ils sont venus me voir pour m'expliquer combien ils étaient soucieux de la numérisation des fonds patrimoniaux français. Je leur avais alors suggéré de nous aider à financer celle-ci par une subvention désintéressée, en échange de quoi nous ferions mention de leur généreux soutien, tout en gardant la pleine maîtrise du projet. Mes interlocuteurs ont ensuite consulté leurs supérieurs et leur réponse fut catégorique : il n'en était pas question ! Cela ne m'a pas surpris... J'ai toujours été favorable au mécénat et, à cet égard, je suis en accord avec les recommandations de Marc Tessier qui, dans son rapport de janvier 2010, suggère de multiplier les partenariats privés ou publics dans ces limites : pas question de perdre la maîtrise des choses.

Quand vous affirmez que Google entend s'assurer de la « propriété exclusive » des livres numérisés, que voulez-vous dire au juste ?

Regardez de près les contrats. Certes, ils sont confidentiels, mais si l'on prend pour base celui négocié avec la bibliothèque municipale de Lyon (BML), que nous connaissons grâce à l'ingéniosité de l'hebdomadaire *Livres-Hebdo* qui l'a rendu public, que stipule-t-il ? On y apprend qu'il s'agit de numériser en dix ans, dans un lieu tenu secret, entre 450 000 et 500 000 ouvrages. Surtout, la bibliothèque a accepté de concéder à la firme le monopole de l'exploitation commerciale des données, d'abord pour la publicité et, dans un proche avenir – n'en doutons pas ! –, pour la vente en ligne des fichiers. La durée ne se réduisait pas à quelques années, ainsi que son directeur, Patrick Bazin, l'avait avancé dans *Le Monde* en septembre 2009, mais elle s'étendait à vingt-cinq ans !

En outre, l'accord brille par l'absence de toute définition d'un critère de qualité minimale dans la numérisation. Pis, Google s'arroge, en vertu de l'article 24, « la pleine propriété, sans limitation de temps », des fichiers numérisés par ses soins. Comment s'assurer, dans ces conditions, de leur conservation pérenne et de leur libre usage futur par l'institution publique ? Marc Tessier a eu raison de s'en inquiéter dans son rapport. Je note aussi que des éditeurs aussi reconnus qu'Antoine Gallimard ou Teresa Cremisi se sont également indignés de cet accord entre Google et la bibliothèque de Lyon. Se posent ici deux problèmes : tout d'abord, le fait de céder pour une période aussi longue l'exploitation commerciale de livres dont le recueil, l'entretien et le classement avaient été assurés par la République ; ensuite, le fait de céder à la firme de Mountain View la propriété des fichiers en échange d'une simple copie digitale que la bibliothèque partenaire pourra mettre sur son propre site. C'est bien aimable de leur part, mais, encore une fois, la firme conserve la propriété du fichier original.

ET SI LA FIRME DE MOUNTAIN VIEW FAISAIT FAILLITE...

Qu'en serait-il d'un partage des rôles dans lequel on confierait à Google la numérisation « brute » des collections, si l'on peut dire, moyennant une exclusivité de moindre durée et des conditions plus acceptables, tandis que les bibliothèques, de leur côté, affecteraient des fonds à la création d'outils de conservation et de mise à jour, à l'élaboration de logiciels perfectionnés pour les investigations sémantiques en plein texte ou à la mise au point de ces systèmes par arborescence que vous préconisez, qui permettraient d'aller du plus général vers le plus pointu, de faire jouer des filtres de langues, d'époques, etc. Pourquoi serait-ce à ce point inconcevable ?

Parce que Google entend garder la propriété des fichiers originaux et que leur forme numérisée, au terme de ces accords, leur appartient entièrement ! Du coup, le modèle que vous suggérez, dans lequel la BNF investirait de son côté dans des outils d'exploitation, de conservation, d'actualisation, etc., signifierait qu'on leur en ferait cadeau car la bibliothèque publique, elle, ne dispose que d'une copie numérique cédée par Google. Dans cette hypothèse, nous moderniserions à nos frais des fichiers dont ils seraient propriétaires et qu'ils se réserveraient le droit d'exploiter commercialement. Je ne vois donc guère le sens de ce type de transaction, sans compter que Google n'y trouverait aucun intérêt commercial – d'une manière générale, ils n'achètent rien ! En revanche, si on numérise en masse de notre côté – ce qui ne pourra se faire que grâce à des fonds publics –, nous pourrons d'autant mieux négocier sur certains points avec la firme américaine que nous serons en position de force. L'ensemble de la propriété des fichiers et la manière de les perpétuer doit nous appartenir, avec nos critères de choix et de hiérarchie dans la mise à disposition. La pérennité doit être notre obsession et elle ne sera jamais celle de Google, qui ne s'intéresse guère, par nature, à l'immense question de la conservation à long terme. C'est pourquoi vous avez d'ailleurs parfaitement raison d'insister sur le fait que la recherche doit travailler à anticiper les reformatages futurs, le numérique, voué à s'adapter aux évolutions de la technologie, n'offrant en soi aucune garantie de durée.

Du reste, qu'est-ce qui nous assure que, demain, le moteur de recherche ne haussera pas les coûts de ses prestations, que ce soit de manière indirecte, par la publicité, ou plus directe, par le paiement à la carte ? De surcroît, rien ne nous dit que Google, qui est une entreprise privée, soit éternel. En ce sens, ma philosophie reste gaullienne : le marché a du bon, mais comme le Général le disait à Alain Peyrefitte en 1962 : « Le marché n'est pas au-dessus de la nation et de l'État. C'est l'État, c'est la nation qui doivent surplomber le marché. » Imaginons un instant que, sous l'effet de la concurrence, Google, un beau jour, fasse faillite. Qu'adviendrait-il du patrimoine numérisé ? Voilà pourquoi j'estime que confier la pérennité d'un bien public à une entreprise privée peut s'avérer très périlleux.

En tant que président de la Bibliothèque nationale de France de 2002 à 2007, mais aussi en tant qu'historien, que citoyen et qu'Européen, je trouve magnifique que les richesses accumulées au fil des siècles puissent, à terme, profiter à tous, surtout à ceux que leur naissance ou leur position géographique privent d'un accès facile à ce savoir. Il s'agit d'un merveilleux progrès. Je dis simplement, au nom même de ces critères, qu'en matière de patrimoine public, il serait très imprudent de faire confiance aux seules forces du marché. Comme le dit très bien l'historien Roger Chartier : « Google ne veut pas constituer une bibliothèque universelle, mais exploiter un gisement de données. »

Sur la longue durée, on ne peut donc concevoir de confier la gestion numérique de notre héritage à des entrepreneurs privés qui, par définition, n'ont ni vocation à l'organiser ni vocation à le perpétuer. Que l'on négocie avec Google sur certains aspects du droit d'auteur ou sur la meilleure façon de procéder à des échanges de fichiers, comme le suggère d'ailleurs Bruno Racine, j'y suis moi-même favorable et je ne tiens nullement les responsables de cette firme pour des pestiférés. À condition de nous donner d'abord les moyens de mener notre politique propre.

Bruno Racine comme d'ailleurs Marc Tessier s'accordent avec vous sur le caractère très excessif d'une exclusivité de vingt-cinq ans concédée à Google. Sous certaines conditions, votre successeur à la présidence de la BNF jugerait néanmoins acceptable une réduction de cette clause à une période de dix ans. Une telle concession vous semblerait-elle envisageable ?

Non, une exclusivité de dix ans, cela me semble psycho-logiquement dégradant, politiquement inadmissible et concrètement dangereux. En cette matière, la politique préconisée par Bruno Racine ne me paraît pas la bonne, d'autant que les fonds du grand emprunt ont été dégagés fin 2009 à la suite du combat que nous avons été quelques-uns à mener, et qu'il est donc désormais possible d'envisa-ger notre propre politique de numérisation. Plus vite nous la mettrons en œuvre, mieux nous serons en mesure de proposer un ensemble construit, non pas selon le seul principe du vrac, mais selon des règles réfléchies et fécon-des, et mieux nous serons en mesure d'entraîner nos voi-sins européens, quitte à négocier ensuite d'égal à égal avec Google. Il ne s'agit donc pas de rester les bras croisés. Je n'ai cessé de plaider pour une riposte européenne d'enver-gure qui implique un puissant effort financier sur fonds publics – encore qu'on exagère parfois les coûts par rapport à l'immensité de l'enjeu.

D'autres l'ont fait. Pourquoi pas les Européens ? Voyez l'Inde et la Chine qui, en partenariat avec la Bibliothèque d'Alexandrie, avec plusieurs ministères, instituts de recherches et autres grandes universités ont engagé – sans Google – un ambitieux programme de numérisation d'un million d'ouvrages baptisé The Million Book Project. Au début de 2008, 1,5 million de livres avaient déjà été numérisés dans ce cadre. J'ai reçu moi-même un accueil très chaleureux en Chine et au Japon quand j'y ai porté mes thèses. Ces pays montrent que nous ne sommes pas contraints de nous livrer, pieds et poings liés, à Google et à sa quête de monopole. Intellectuellement, politiquement, affectivement et culturellement, il me paraît plus intéressant de choisir un autre chemin et je ne crois pas que cette attitude soit donquichottesque. Tel est en tout cas l'esprit général de ma position, qui n'est pas seulement politique ou de principe. Elle obéit aussi à des ressorts extrêmement pratiques.

GOOGLE ORGANISE L'INFORMATION
DU MONDE SELON DEUX CRITÈRES :
LE SUCCÈS ET LA PUB

La prise en compte de ces aspects pratiques, justement, ne saute pas forcément aux yeux à la lecture de votre livre. Reformulons les choses : si Google était de la partie, quels en seraient les inconvénients pour le consommateur ? L'usager, lui, n'y trouverait-il pas son intérêt ?

Au-delà du réflexe patrimonial, c'est bien évidemment le souci des utilisateurs qui motive ma position et il me semble juste de porter la discussion sur ce terrain. Or, si on se place dans la perspective des usagers, les inconvénients des accords concrètement proposés par Google, ou d'ores et déjà signés avec la firme, sont nombreux. Nous avons d'abord la question de savoir comment on organise l'offre, quelle peut être l'architecture de la mise à disposition en ligne des œuvres numérisées et les principes de sélection qui la gouvernent. Il me semble en effet qu'une profusion non organisée, non classée et non inventoriée n'a guère d'intérêt, surtout pour les néophytes, qui ont justement besoin d'être guidés. Or compter uniquement sur ce que j'ai appelé le « vrac » et se dire qu'il va ensuite se structurer tout seul pour le plus grand bien des usagers, à partir de critères qui sont ceux de la publicité et de la notoriété des ouvrages, cela ne me paraît ni raisonnable ni crédible.

Pourquoi, en fin de compte, cette hostilité au vrac qui, chez vous, peut sembler très catégorique ?

Tout d'abord parce que la logique d'un moteur de recherche comme Google est celle de la tête de gondole : le chaland ne va guère au-delà des quatre ou cinq premiers résultats obtenus par le moteur de recherche. Or qu'est-ce qui préside à la hiérarchisation des références proposées par Google et quel est le mode de sélection au travail ? Dans cet ensemble constamment brassé comme dans un formidable chaudron planétaire, cette hiérarchisation est établie par un calcul algorithmique, sorte de processus automatisé extrêmement complexe qui détermine le classement des résultats. Les critères sont, pour l'essentiel, de deux ordres. Il y a d'abord le critère de la fréquence des pages consultées et du nombre de liens proposés. Dans cette logique, les références plébiscitées le seront de plus en plus, si bien que nous sommes dans un système où l'on ne prête qu'aux riches et où le succès va au succès, au détriment des minoritaires, des marginaux ou des œuvres éventuellement plus confidentielles parce que plus exigeantes. Autre effet pervers de cette logique : les données les plus récentes, qui suscitent le plus de liens, sont aussi les mieux représentées. La mise à jour est, bien sûr, une bonne chose, mais cela aboutit à écraser la durée, ce qui est contraire à la notion même de culture.

Nous sommes donc là dans une *économie du « vrac »*. Or il me paraît tout à fait essentiel de proposer, aux jeunes notamment, une offre quelque peu organisée. Quand nous parlons des usagers, il faut en effet avoir en vue plusieurs publics. Vous et moi, nous appartenons à une génération formée à un autre type de culture, il nous est donc aisé de nous orienter dans le vrac car nous savons ce que nous recherchons et nous sommes en mesure de croiser toutes sortes de critères au fil de nos investigations. Nos enfants, eux, possèdent la plupart du temps une culture « zapping » plus morcelée et, parfois, plus superficielle, même si elle n'est pas forcément moins riche. Cela signifie qu'ils ont plus que jamais besoin d'une hiérarchisation réfléchie. Je suis d'ailleurs très favorable à ce que la Toile combine les deux offres ou les deux économies, celle du vrac et celle de l'ordre. Je ne suis pas du tout hostile au vrac en tant que tel, même si je suis parfois horrifié par les résultats… À vrai dire, il me semble que le vrac devient vraiment un ennemi quand il n'y a pas d'autre type de classement à côté. Il faut donc proposer un fil d'Ariane. L'accessibilité à tout sans fil d'Ariane pour guider la curiosité crée la probabilité de s'y perdre.

Prenons un exemple concret. Si vous tapez « Antoine et Cléopâtre » sur Google, de nombreux résultats vous apparaîtront et vous trouverez sans trop de difficulté le passage ou les informations recherchés. En revanche, si un étudiant souhaite réfléchir sur une problématique plus vaste et plus complexe, mettons sur les rapports entre le capitalisme et la démocratie, et qu'il tape ces deux mots clés, il se retrouvera avec des dizaines de milliers de pages à parcourir et sera incapable de s'y retrouver, sauf à disposer d'ores déjà d'une bonne formation, d'un esprit critique, d'une culture solide et d'un discernement sûr. C'est justement là que la question des critères de classement est, à mes yeux, fondamentale, en particulier à destination de ceux qui n'ont pas eu la chance de faire des études approfondies.

UN MOTEUR DE RECHERCHE PRIVÉ N'EST JAMAIS DÉSINTÉRESSÉ

Le poids de la publicité, à terme, semble également vous préoccuper. Outre le désagrément éventuel, où réside selon vous la vraie menace ?

Le deuxième critère de sélection et de hiérarchisation du système Google, c'est en effet la *publicité*. Quoi qu'en disent les uns ou les autres, cette question est centrale. Pourquoi ? Parce qu'elle va forcément agir sur l'organisation de l'offre et sur les contenus proposés. À cet égard, on ne peut d'ailleurs pas reprocher à la firme d'avancer masquée : « La mission de Google est d'organiser l'information du monde », lit-on à la première page de la présentation de l'entreprise par elle-même. Il ne s'agit pas seulement de la présence, que l'on peut apprécier ou pas, de bandeaux publicitaires. La machine Google est beaucoup plus sophistiquée, et je relève que ses deux fondateurs en avaient, au début, pleinement conscience. Dans un article scientifique publié au début de leur aventure, en 1998, sous l'égide de l'Université Stanford, eux-mêmes avaient envisagé le cas de figure suivant. Supposons une recherche relative aux effets nocifs du téléphone portable sur la sécurité des automobilistes au volant et supposons, dans le même temps, que telle ou telle marque de téléphonie mobile fasse partie des annonceurs publicitaires très rémunérateurs pour l'entreprise : est-on bien certain que le moteur fera surgir en haut de la liste les études détaillant la dangerosité de cette pratique ? On peut en douter. Pour en revenir aux livres, il y a fort à parier qu'une hiérarchie finira par s'imposer au profit de ceux qui seront les mieux à même de satisfaire les annonceurs. Si on laisse la recherche du profit gouverner l'organisation du savoir, le consommateur sera forcément perdant.

Je remarque aussi qu'après avoir proclamé qu'il n'y aurait pas d'offres publicitaires adjointes à la mise à disposition d'ouvrages numérisés sur la Toile, Google a fait marche arrière et que des annonces rétribuées ont déjà surgi en marge des titres. Au demeurant, le contrat passé avec la bibliothèque municipale de Lyon l'admet puisque l'article 6-2 évoque explicitement les recettes publicitaires à attendre de la mise à disposition des fonds numérisés.

Souhaite-t-on vraiment voir la *Recherche du temps perdu* voisiner avec une publicité pour les madeleines ou le fichier du *Petit Prince* de Saint-Exupéry se trouver encadré par la réclame d'un marchand de moutons ?

Autre inconvénient, sur le plan des principes comme du point de vue des utilisateurs : la domination de la culture anglo-saxonne. Comment s'assurer que les œuvres européennes resteront bien placées sur le Net et qu'elles ne seront pas reléguées à des places inférieures dans le *page ranking* ? Cela vaut, par exemple, pour le droit anglo-saxon et le droit latin, qui sont en concurrence dans la juridiction internationale ou les pays en voie de développement. Si on cède à Google un quasi-monopole dans la mise à disposition en ligne des ouvrages juridiques, la hiérarchie qui s'imposera spontanément sur les listes de résultats risque fort de privilégier le premier au détriment du second. Bref, il me semble que nous avons là une somme assez lourde de raisons pour lesquelles il convient de refuser à Google la numérisation quasi monopolistique aussi bien que l'exploitation exclusive de notre patrimoine.

Il faut tout de même mesurer la pression des internautes. On comprend bien qu'à vos yeux, ceux-ci seront perdants à moyen ou à long terme. Mais s'ils ont l'impression, à tort ou à raison, d'être gagnants à court terme, il y a de fortes chances pour qu'ils plébiscitent le moteur de recherche Google, du moins dans leurs premières recherches. D'où l'importance du facteur temporel. Il y a cinq ans déjà, Emmanuel de Roux s'interrogeait, dans Le Monde, *sur la capacité de l'Europe, compte tenu de ses pesanteurs en tous genres, à monter, en matière de numérisation du patrimoine écrit, autre chose qu'une « usine à gaz ». Si les Européens continuent à discuter à perte de vue et tardent à proposer une offre de livres équi-valente, sur la Toile, à celle de Google, ne craignez-vous pas que la visibilité du patrimoine européen soit reléguée à l'arrière-plan ?*

À qui le dites-vous ! Il se trouve que dès le 24 janvier 2005, j'invitais, dans une tribune du *Monde*, à l'urgence d'une réaction européenne face au défi que nous lançait la firme américaine qui venait d'annoncer son ambitieux projet de numérisation. En France, il m'a fallu convaincre le président de la République Jacques Chirac, mais nous étions aussi à la veille du référendum sur la Constitution européenne. La perspective d'un « non » invitait à accélérer une « Europe des projets ». Peu de temps après, Bruxelles encourageait Paris, en l'occurrence les équipes de la BNF – qui ont travaillé d'arrache-pied –, à mettre au point la maquette montrant comment pourrait s'organiser la future bibliothèque numéri-que européenne, inaugurée à Bruxelles à l'automne 2008 et baptisé Europeana – symboliquement, je tenais à lui donner un nom formé à la fois à partir du grec et du latin.

L'idée n'était pas de faire de la surenchère sur la quan-tité, mais plutôt d'élaborer un ensemble à partir de règles réfléchies, ensemble organisé dont la pérennité serait garantie sur le long terme et dont l'accès serait ouvert à tous les moteurs de recherche selon des modalités à défi-nir. Nous voulions un outil qui puisse à la fois guider les gens dans l'immensité de l'héritage culturel européen et servir de portail de recherche pour les œuvres sous droits. D'où l'importance d'une très étroite collaboration avec les éditeurs et le monde de l'édition en général. Il faut aussi préciser que la BNF possédait déjà, depuis 2004, une bibliothèque virtuelle de 80 000 livres numérisés : Gallica.

Quand j'ai quitté la direction de la BNF au printemps 2007, nous avions engagé un rythme annuel de 120 000 livres numérisés au moins. Trois ans après mon départ, j'ai appris que le total atteint n'aurait été que de 140 000... Pour une institution publique, l'efficacité est aussi question d'énergie et de volonté politique. Il faudrait aujourd'hui parvenir à entraîner plus résolument l'Europe. Après tout, les Japonais ont réussi à dégager 90 millions d'euros avec l'intention de numériser 1,5 million de livres en l'espace d'une année et demie.

Oui, mais en quoi l'offre en vrac proposée par Google empêcherait-elle par ailleurs un usager exigeant de se rendre sur Gallica ou sur Europeana ? Contrairement au monde physique, il ne peut y avoir de véritable monopole dans le monde numérique...

Rien ne l'en empêcherait, mais vous supposez déjà le problème résolu, et vous vous trompez si vous pensez qu'un monopole de Google dans le secteur de la numérisation des livres serait impossible. Je ne serais pas choqué qu'on envisage une coopération avec divers moteurs de recherche, dont Google – là-dessus, j'approuve les conclusions de l'étude de Marc Tessier –, mais il faudrait que Gallica gagne en visibilité, soit plus facilement accessible et qu'on puisse s'y promener avec davantage de commodité, bref, que le projet rattrape son retard et retrouve une expansion vigoureuse. Or il s'avère, je l'ai dit, que fin 2009 seules 140 000 monographies environ avaient été numérisées. Quand le rythme se sera grandement accéléré, alors nous pourrons imaginer des échanges de fichiers avec des moteurs à vocation universelle, mais dans des conditions transparentes et sans exclusivité pour personne.

L'EUROPE POURRAIT RIVALISER
AVEC GOOGLE

Quand on constate le retard pris par les Européens, on peut tout de même s'inquiéter. Ce face-à-face entre, d'un côté, un géant du Net qui élabore lui aussi des outils sémantiques assez sophistiqués et, de l'autre, une myriade de nains ne vous inquiète-t-il pas ?

Les Européens ont déjà connu de semblables défis dans l'histoire. Sans Staline et la guerre froide, nous n'aurions pas entrepris de construire l'Europe ! Non pas, bien sûr, que je compare les dirigeants de Google à Staline, cela va de soi… La menace d'un acteur surpuissant susceptible de nuire à notre autonomie et, au-delà, à la vitalité de la culture européenne dans sa richesse et sa diversité – cette menace devrait inciter les pays de l'Union à se serrer les coudes au service d'une concertation intelligente et féconde. Il n'est pas trop tard. L'Union européenne peut imposer sa propre politique. Au-delà du puissant effort de numérisation de ses fonds, qui lui donnerait la possibilité d'imposer ses conditions aux moteurs de recherche préexistants, l'Europe pourrait encore mettre sur pied son propre moteur de recherche généraliste, rival de Google. Ce n'est peut-être pas là l'essentiel. Ce qui est en tout cas indispensable, c'est que nous ayons des portails par pays qui se rejoindraient ensuite au niveau européen au sein d'une seule plate-forme, majestueuse et puissante, dont Europeana constituerait la matrice et que servirait une coopération technologique étroite. Quoi qu'il en soit, il faudrait, pour cela, avoir les idées claires et mener une pédagogie soutenue, planifier un calendrier contraignant pour tous, poursuivre une recherche-développement ambitieuse afin de mettre à la disposition du public des ressources intelligemment choisies et utilement organisées en corpus. Il me semble qu'un rythme de 500 000 ouvrages par an serait raisonnable à l'échelle du Vieux Continent. La création d'une grande bibliothèque numérique européenne propre à créer un climat d'ensemble pour une différence affirmée vis-à-vis de Google relève d'un combat politique et diplomatique – eh oui ! mais quoi d'effrayant ?

Êtes-vous vraiment optimiste sur la réalisation d'une bibliothèque numérique européenne à l'horizon de dix-quinze ans ? Depuis 2005, cinq années se sont écoulées et on a plutôt l'impression que les pays de l'Union tendent à avancer en ordre dispersé, de nombreuses bibliothèques publiques européennes ayant justement recouru à Google pour numériser leurs collections. D'où la crainte, avancée par Bruno Racine, que si la firme américaine continue de numériser les œuvres francophones au même rythme, on risque, à continuer de refuser de négocier avec Google, de toucher bien peu d'internautes...

Je maintiens que ce projet européen mérite toutes les persévérances. Cela vaut la peine de s'y attacher ardemment, sans quoi on est sûr qu'il ne verra jamais le jour. Il est vrai que les Italiens ont signé un accord avec Google, mais qu'un pays dirigé par Silvio Beslusconi se sente des affinités avec les ambitions du capitalisme américain cela n'a rien de très surprenant. Quant à nous, tout en n'ignorant pas que Google, et c'est heureux, numérise un bon nombre d'œuvres francophones, il me semble que nous avons potentiellement les moyens – politiques, intellectuels, technologiques et financiers –, de nous en charger pour une bonne part et à notre façon, nous-mêmes. Au regard de l'enjeu, cela représente finalement assez peu d'argent. Il suffirait de numériser 4 ou 5 millions de livres pour proposer une offre abondante et de faire preuve d'un peu d'intelligence pour l'organiser. Ce n'est quand même pas le bout du monde ! Céder toute la place à Google, ce serait en outre encourager la firme dans son désir de dominer l'ensemble de la chaîne du livre numérique du haut de son arrogance, de sa prospérité, de son succès et de l'excellence de ses avocats.

LE LIVRE IMPRIMÉ A ENCORE
DE BEAUX JOURS DEVANT LUI

À propos de l'avenir des acteurs du livre, les études et les rapports sont, dans l'ensemble, assez optimistes : on nous explique que les libraires survivront s'ils s'adaptent, que les lecteurs iront y faire imprimer leurs fichiers et que la domination du numérique sur le livre papier est encore lointaine. Quel est votre sentiment sur ce point ?

Je ne suis pas du côté du pessimisme. Il n'est pas exclu que de nombreux internautes soient finalement ramenés vers la culture livresque la plus classique. Le Net pourrait même contribuer à faire revivre les fonds et à remettre dans le circuit des œuvres oubliées ou enfouies dans les rayons mal accessibles des bibliothèques. En tout cas, les enquêtes réalisées auprès des usagers de Gallica, le site de la BNF que nous avons évoqué, montrent que de nombreuses consultations conduisent à l'achat du livre concerné, neuf ou d'occasion.

D'autre part, les gens auront toujours besoin d'être guidés, que ce soit par les bibliothécaires ou les libraires dont le rôle de conseil et d'intercesseur dans la vastitude de l'offre se trouvera probablement renforcé. Si un peu de numérisation éloigne des médiateurs du savoir, beaucoup nous y ramènera irrésistiblement. Étant donné le foisonnement d'affirmations farfelues et partisanes qui se répandent sur la Toile, ces instances de validation que sont au premier chef les éditeurs, les libraires et les documentalistes n'en seront que plus nécessaires. Les librairies représentent des lieux essentiels, parfois magiques, et, soit dit en passant, je ne suis pas du tout choqué à l'idée qu'on les subventionne en partie pour les protéger contre le *dumping* que pourraient pratiquer, hors de France, certaines boutiques en ligne. Pour des raisons culturelles et d'autres qui tiennent à la commodité d'avoir un volume à portée de la main, au plaisir du contact direct avec le livre papier, son apparence, son odeur, je suis convaincu que celui-ci a encore de beaux jours devant lui.

Enfin, le principe de l'impression à la demande, dont les libraires pourraient garder le monopole, me paraît assez prometteur puisqu'on pourra, demain, se faire imprimer un vieux livre du XVIe ou du XVIIe siècle ou d'autres plus récents, mais quasiment inaccessibles pour l'heure.

L'hypothèse d'un prix unique du livre numérique généralisable à l'échelle européenne vous semblerait-elle envisageable ?

Si les éditeurs se mettent d'accord sur un prix inférieur au livre papier, je ne vois pas pourquoi il ne pourrait pas y avoir un accord entre Européens pour qu'on ne vende pas les fichiers à un prix plus bas que celui fixé en commun. En revanche, si Google ou Amazon se mettaient à vouloir faire de l'édition eux-mêmes, nous aurions là une grave menace pour l'ensemble de la chaîne du livre : ce n'est pas un fantasme, elle semble se préciser de plus en plus. C'est précisément pourquoi je crains le monopole d'un opérateur comme Google, d'abord sur la vente en ligne puis, étape suivante, sur l'édition. Je note d'ailleurs que la majorité des grands éditeurs français ont refusé tout partenariat avec Google, qui leur avait proposé de numériser les œuvres de leur catalogue.

Certains petits éditeurs, à qui la firme américaine avait fait des propositions mirifiques, se sont laissé tenter, mais beaucoup semblent être revenus de l'aventure, comprenant vite qu'ils allaient y perdre leur indépendance. Certains se sont également aperçus que l'utilisation d'extraits de livres sous droits par Google n'était pas celle qu'ils avaient imaginée. L'opérateur proposait en effet la lecture d'extraits variables représentant 30 % de l'œuvre, si bien qu'en multipliant les demandes, l'internaute pouvait accéder à la presque totalité de l'ouvrage, y compris pour les nouveautés. Jusqu'à présent, l'offensive de Google en direction des éditeurs s'est donc soldée par un échec, mais les pouvoirs publics et les institutions patrimoniales devraient permettre à ceux-ci de réfléchir sereinement à leur adaptation au numérique, d'éclairer le chemin et de servir d'aiguillon. Il me semble que les éditeurs comme les bibliothèques ont déjà perdu beaucoup de temps au cours de ces dernières années. Une plate-forme commune des éditeurs français s'impose évidemment et le danger devrait les inciter à surmonter leur goût atavique de l'indépendance les uns par rapport aux autres.

À cet égard, le pillage de livres protégés, conséquence directe de la situation de quasi-monopole dont jouit Google, a provoqué un sursaut. Le brigandage du droit d'auteur auquel s'est livrée la firme est inadmissible, comme l'a d'ailleurs reconnu, au terme de trois ans et demi de procédure, le tribunal de grande instance de Paris dans l'affaire La Martinière/Le Seuil contre Google. Il n'est pas admissible de dérober des œuvres qui ne vous appartiennent pas, d'en mettre des morceaux en ligne puis de dire à ceux à qui cela ne conviendrait pas qu'ils peuvent toujours sortir du système. Piller de la sorte auteurs et éditeurs met en danger la création future. Poussés par l'indignation, les éditeurs comprendront sans doute qu'il est dans leur intérêt de s'unir, que c'est même vital pour leur avenir. Comptable de l'immense domaine des œuvres sous droits, auxquelles il faut ajouter les éditions savantes de livres anciens dont l'appareil critique est protégé, le monde de l'édition devrait être au cœur de la réflexion et de l'action[1].

---

1. En mars 2011, le juge fédéral Denny Chin a rejeté l'accord conclu en octobre 2008 entre Google et l'Association des éditeurs américains, accord qui prévoyait que le moteur de recherche verserait 125 millions de dollars pour rémunérer les auteurs dont les œuvres auraient été numérisées sans autorisation. Le juge s'est dit hostile à l'idée de recompenser Google « pour s'être lancé dans la copie à grande échelle, sans permission, d'ouvrages couverts par les droits d'auteur ». Le coup d'arrêt est important et propre à encourager tous ceux qui combattent, d'une façon ou d'une autre, le risque d'un monopole dans ce champ.

Six ans après la première édition de votre ouvrage, Quand Google défie l'Europe : plaidoyer pour un sursaut *(2005) et au moment où vous en publiez la troisième édition mise à jour, avez-vous le sentiment d'avoir été entendu ?*

Il me semble en tout cas que l'étude confiée à Marc Tessier sur « la numérisation du patrimoine écrit » (janvier 2010), qui devait initialement évaluer la pertinence de partenariats avec Google, va dans la bonne direction. Ses recommandations représentent un cadre bienvenu, qu'il s'agisse de relancer l'impulsion européenne, d'améliorer le service rendu par Gallica, de renforcer la coopération avec les éditeurs ou de développer les partenariats avec des acteurs privés, y compris des moteurs de recherche, mais à condition de respecter l'équilibre et la réciprocité entre les parties. Marc Tessier suggère d'ailleurs qu'une plate-forme de contenus ordonnés, comme l'est Gallica, pourrait devenir à moyen terme un partenaire très attractif pour ces moteurs.

Ai-je été personnellement entendu ? Il est toujours difficile d'apprécier, parmi l'entrelacs compliqué des forces politiques et intellectuelles en action, le rôle d'un individu et de son équipe. Difficile surtout pour lui-même... Au moins ai-je la fierté, dans un champ qui me paraît essentiel, d'avoir porté haut le drapeau de la diversité culturelle comme celui d'une ambition française et européenne. Il me semble, oui, que cela a pu éveiller des consciences et influencer l'action collective dans un sens positif.

L'auteur reste le grand absent des débats sur le livre numérique

Entretien avec François Samuelson

Le livre numérique représente encore, à ce jour, une part infime du marché de l'édition en France et en Europe. La perspective de son arrivée inéluctable, avec les nouveaux modes d'exploitation dématérialisés qui en découlent, a toutefois commencé à bousculer l'alliance traditionnelle entre les écrivains et leurs éditeurs. En cette phase d'exploration et d'incertitudes, les agents littéraires pourraient donc être appelés à jouer un rôle important dans la protection des auteurs. De fait, selon une enquête de l'Observatoire du livre et de l'écrit en Île-de-France, réalisée par Juliette Joste, plus de sept écrivains sur dix estiment aujourd'hui qu'un agent leur serait utile pour faire fructifier leurs droits numériques[1], véritable casse-tête pour beaucoup d'entre eux.

Premier agent littéraire à s'être établi à Paris à la fin des années 1980, François Samuelson est, à sa façon, un pionnier. Au point que la France, où l'implantation de ce métier reste timide, a longtemps été décrite comme le « pays aux deux agents » : François Samuelson et Susanna Lea. Historien de

---

1. Cette enquête, intitulée *L'Agent littéraire en France, réalités et perspectives*, a été menée par Juliette Joste entre septembre 2009 et janvier 2010 pour le Motif, l'Observatoire du livre et de l'écrit en Île-de-France. Rendue publique en juin 2010, elle est disponible en ligne sur le site : www.lemotif.fr.

formation et ancien mao converti aux méthodes de l'édition américaine, François Samuelson veille, à la tête de son agence artistique et littéraire – Intertalent –, sur une impressionnante écurie d'auteurs, de Philippe Djian (pour les droits audiovisuels) à Emmanuel Carrère, en passant par Régis Jauffret, Pierre Assouline, Alexandre Jardin, Fred Vargas, Riad Sattouf, Enki Bilal ou Tahar Ben Jelloun. Côté prix, François Samuelson a ainsi récolté trois Femina, un Renaudot et, en 2005, l'Interallié avec Michel Houellebecq (suivi du prix Goncourt en 2010). Depuis plusieurs années, cette personnalité de la scène intellectuelle parisienne a également diversifié son activité, travaillant avec des scénaristes, des réalisateurs et des comédiennes de la stature de Juliette Binoche ou des comédiens comme Benoît Magimel, Albert Dupontel et Mathieu Kassovitz, dont il gère les carrières.

À ses yeux, la question des droits numériques est au cœur des discussions actuelles entre auteurs et éditeurs. En quoi consiste en effet le rôle d'un agent littéraire ? Au sens étroit, il est mandaté par l'auteur pour assurer l'intermédiation avec ses éditeurs et ses différents partenaires. À ce titre, l'agent est également chargé de négocier, au nom de son client, la cession des droits dérivés de ses œuvres, qu'il s'agisse des traductions, des adaptations cinématographiques ou, désormais, des droits numériques. Or, comme le dit bien l'agent américain Nathan Bransford cité par Juliette Joste : « L'auteur du futur aura le choix entre travailler avec un éditeur, qui prendra en charge une bonne partie du sale boulot ; faire le sale boulot lui-même ; ou le faire avec l'appui d'un agent qui l'aidera à négocier avec les distributeurs numériques et se chargera de vendre les droits dérivés. »

L'enjeu, pour les auteurs, est évidemment crucial au vu de la complexité des questions émergentes, tant sur le plan technique que sur celui du droit. Les contrats d'édition en vigueur peuvent en effet traiter du numérique sous différents aspects. Certains prévoient expressément la cession de droits pour le numérique depuis environ dix à quinze ans. Pour les contrats plus anciens, une « clause d'avenir » évoque parfois une cession sur tout support futur, mais elle n'est pas toujours considérée comme valable sur le plan juridique. D'autres encore ne comportent aucune clause de ce type. Aujourd'hui, si les droits numériques sont souvent inclus aux contrats au titre de droits seconds, une discussion a néanmoins cours sur la question de savoir s'ils ne devraient pas être considérés comme des droits premiers. Dans ce domaine comme dans d'autres, « je me considère comme une sorte de compagnon de route pour l'auteur et un passeur pour l'éditeur. L'agent littéraire devient ainsi un filtre utile, voire nécessaire », explique François Samuelson dont l'originalité consiste justement à se battre pour faire reconnaître le droit numérique comme un droit plein.

À la veille du Salon du livre de mars 2010, 50 auteurs de bande dessinée, aussitôt rejoints par plus de 400 auteurs de tous horizons, ont par ailleurs lancé un Appel pour réclamer des « règles du jeu du livre numérique » (voir plus loin, en encadré, le texte de la pétition) et déplorer que la révolution numérique du livre de bande dessinée se passe « dans la confusion, à marche forcée et sans les auteurs ». Le président de la Société des gens de lettres (SDGL), Alain Absire, s'en était fait l'écho dans *Le Monde* du 27 avril 2010, expliquant dans la foulée que les écrivains souhaitent eux aussi trouver, en matière de numérisation de leurs œuvres, « un partenariat équilibré » avec leurs éditeurs. Alain Absire disait avoir traversé « deux ans et demi de discussions » avec le Syndicat national de l'Édition (SNE), avec pour objectif de sortir enfin le livre numérique de sa « zone de non-droits ». Mais « cela n'a pas suffi », déplorait-il. Fort d'une récente victoire juridique contre Google, justement remportée main dans la main avec le SNE, le président de la Société des gens de lettres résumait ainsi sa position : « Les auteurs ne réclament pas un quelconque privilège supplémentaire. Ils veulent simplement [...] s'assurer une rémunération décente sur l'exploitation de leurs livres dématérialisés. »

A. L.-L.

La question de savoir s'il convient de faire appel à Google dans le cadre de la numérisation de notre patrimoine écrit et, si oui, dans quelles conditions, a suscité depuis quelques années une ample controverse, doublée de plusieurs procédures judiciaires contre la firme américaine dont les pratiques violaient les règles du droit d'auteur. Quel est votre sentiment à ce sujet ?

Je me suis récemment rendu à la bibliothèque de l'Université du Michigan, avec laquelle Google a passé un accord, la bibliothèque ayant été l'une des premières à accepter de confier à la firme américaine la numérisation de toutes ses collections, fortes de plusieurs millions d'ouvrages, œuvres tombées dans le domaine public et œuvres sous droits confondues. Les moyens et la logistique engagés dans l'entreprise sont colossaux : la bibliothèque est, au sens propre, numérisée vingt-quatre heures sur vingt-quatre, comme l'indique au demeurant un grand panneau placé à l'entrée. Si la Bibliothèque nationale de France (BNF) s'est également lancée avec l'aide de l'État dans une opération similaire – bien que plus modeste puisqu'elle numérise en moyenne 1 500 livres par jour, consultables sur son site Gallica –, un constat s'impose une fois de plus : pendant qu'en France, nous discutons et nous commandons des rapports, d'autres travaillent ! J'ai pour ma part affaire à des auteurs contemporains et je ne suis pas particulièrement compétent sur la question des fonds patrimoniaux, mais je dois dire que j'ai été très impressionné : l'opération Google à la bibliothèque du Michigan représente un chantier pharaonique, comparable à ceux qu'on peut observer en Chine où une vingtaine de centres de numérisation carburent déjà à plein régime.

Dans ces conditions, vouloir à tout prix se passer des services de Google constitue à mon sens un combat d'arrière-garde. Quant aux vingt-cinq ans d'exclusivité sur l'exploitation des fichiers que réclame l'entreprise, il me semble qu'il s'agit d'un point qui relève typiquement de la négociation entre les bibliothèques concernées et les représentants du célèbre moteur de recherche.

ÉCRIVAINS ET CRÉATEURS NE SONT JAMAIS CONVIÉS À LA TABLE DES NÉGOCIATIONS !

Depuis le poste d'observation qui est le vôtre, celui d'agent littéraire établi en France depuis plus de vingt ans, comment se pose concrètement à vous la question du livre numérique pour les œuvres protégées par le droit d'auteur ?

À la différence d'un certain nombre d'institutions, je suis en contact quotidien avec les éditeurs et les auteurs que je représente. Je suis, en ce sens, un garagiste, mon métier d'agent littéraire consistant à avoir en permanence les mains dans le cambouis. C'est donc en cette qualité que je suis en mesure de faire un certain nombre de constats. Il y a environ quatre ans, en 2006-2007, voyant surgir la question du livre numérique, j'ai notamment dû me poser un certain nombre de questions sur la façon d'organiser les cessions de droits pour les futures versions ou exploitations numériques des livres signés par mes auteurs. Nous autres, agents littéraires, avons en effet besoin d'aborder nos négociations avec les éditeurs sur une base claire et argumentée. Or les contrats évoluent en fonction des avancées technologiques. Pour savoir comment rédiger ces cessions de droits numériques dans un domaine encore mouvant – mon métier consistant en grande partie à rédiger des contrats censés défendre au mieux les intérêts de mes clients –, j'ai donc décidé de prendre mon bâton de pèlerin et de multiplier les rendez-vous auprès de nos grandes institutions représentatives du monde des lettres et de l'édition, y compris le ministère de la Culture.

Partout, on m'a répondu que rien n'était encore véritablement fixé ni décidé... Il faut dire que les incertitudes sont encore nombreuses : quelle sera la progression des ventes dans ce secteur et ses nouveaux acteurs ? Quelles modifications entreront en jeu – simple question de support ou adaptation radicale du contenu et des fonctions ? Raison de plus, toutefois, pour anticiper ces évolutions. Je remarque en tout cas qu'en l'état actuel des choses, les contrats sont souvent loin d'être satisfaisants.

Voyez-vous, dans le développement du livre numérique, une menace potentielle pour le droit d'auteur ?

Ce qui me frappe, c'est précisément à quel point l'auteur se révèle le grand absent de la plupart des débats en cours ! Je suis sidéré, pour ne pas dire scandalisé, de constater que les écrivains ne sont pas davantage invités à la table des négociations entre les différents partenaires alors que leurs œuvres en sont l'enjeu principal... Il est donc urgent de réfléchir à une meilleure façon de consulter l'auteur pour le remettre au cœur du système. Et qu'on ne vienne pas me dire que la Société des gens de lettres

(SDGL) est leur unique représentant ! Si vous prenez les cent écrivains les plus significatifs de la littérature française contemporaine, beaucoup n'y sont même pas inscrits et ne siègent pas dans ses commissions. Du coup, je ne comprends pas comment le ministère, le Centre national du livre (CNL), le Syndicat national de l'édition (SNE) et l'ensemble des institutions concernées peuvent prétendre élaborer des politiques et avancer des recommandations sans même envisager d'en parler aux auteurs sur lesquels – on a parfois tendance à l'oublier – tout l'édifice éditorial repose. Je m'inscris par ailleurs en faux contre la thèse selon laquelle l'éditeur serait le seul représentant de l'auteur, surtout à l'ère du numérique. Certains de mes collègues dressent des constats encore plus sévères. Anna Jarota estime par exemple que les éditeurs ont profité de l'ignorance des écrivains pour leur donner à signer des contrats sans les informer que ceux-ci ne les protègent nullement. Les auteurs donnent tous leurs droits numériques aux éditeurs, remarque-t-elle, sans savoir comment ceux-ci vont les exploiter, ni sur quelles bases ils seront rémunérés. Quant à Pierre Astier, il relève que les avenants censés être « pour tous supports présents et à venir » ne sont pas forcément reconnus par les tribunaux.

D'une manière générale, j'observe que les auteurs ne sont pas passifs et qu'ils s'interrogent beaucoup, même s'ils se sentent démunis et ne comprennent pas toujours de quoi il retourne. Les auteurs de bande dessinée, en particulier, se posent énormément de questions, l'éventualité de publier sur un support multimédia leur ouvrant des perspectives nouvelles, compte tenu de la spécificité de leur art.

LE NUMÉRIQUE PLUS CHER
QUE LE PAPIER ? L'ARGUMENT FRÔLE
LA MALHONNÊTETÉ INTELLECTUELLE

Vous reconnaissez-vous quand même dans certaines inquié-tudes formulées par les éditeurs : taux de TVA trop élevé sur le numérique, perspective d'une disparition du livre papier, dumping pratiqué par les géants du Net, tels Amazon ou Google ?

J'ai été longtemps étonné de voir les éditeurs m'expli-quer, à ma grande surprise, que la fabrication de livres sous un format numérique coûterait aussi cher que la fabrication « papier » classique en raison d'une TVA à 19,6 %. Je ne suis pas certain que là réside en vérité la question centrale. On l'observe d'ailleurs, au vu des dernières évolutions, la TVA ayant finalement été abaissée à 5,5 % afin de l'aligner dès 2012 sur le taux en vigueur pour le livre imprimé.

Dans leur argumentation, les éditeurs mettent en avant le fait qu'ils doivent procéder à des investissements lourds, engager des rédacteurs de logiciels, former leur personnel et ainsi de suite. Soit. Mais, que je sache, procéder à des investissements me semble être, jusqu'à nouvel ordre, le propre, voire la raison d'être d'une entreprise, laquelle pré-voit alors de les amortir sur plusieurs années et bénéficie en outre d'abattements fiscaux. Cet argument s'effrite donc une fois ces engagements amortis. Sans compter qu'en France les pouvoirs publics ont, dans leur grande bonté, accepté d'aider les grandes maisons d'édition à se préparer à cette mutation. Celles-ci bénéficient déjà d'une enveloppe d'1,5 million d'euros, gérée par le Centre national du livre. En outre, le rapport remis au Premier ministre François Fillon par Christine Albanel, à la mi-avril 2010, *Pour un livre numérique créateur de valeurs*, recommande que les petits et moyens éditeurs soient eux aussi accompagnés dans le développement de leur propre catalogue numérique, fondé sur une numérisation de qualité, l'idée étant que l'élargissement de l'offre représente le meilleur rempart contre l'exploitation illégale. J'ai donc un peu de mal à pleurer… Enfin, il ne s'agit là que d'un problème ponctuel, même si nous ignorons à ce stade sur quelle période il faudra poursuivre ces investissements puisque tout dépendra, en vérité, du comportement des usagers.

Affirmer qu'un fichier numérique est aussi cher à produire qu'un livre traditionnel est une absurdité qui confine même à de la malhonnêteté, disons intellectuelle pour l'instant ! L'entrepôt et les frais de stockage, les manutentionnaires, le transport, les camions, l'essence, le coût du papier, la part dévolue au distributeur et au libraire, les frais postaux, etc. – tout cela disparaît corps et biens dans l'univers numérique alors que sur un livre papier de 100 euros, par exemple, 50 euros sont absorbés par ces divers coûts. La vérité, c'est donc qu'avec le livre numérique, le bénéfice de l'éditeur se trouve, en gros, multiplié par deux. Mécaniquement, il s'ensuit à mes yeux que les royalties touchées par l'auteur – qui, aujourd'hui, s'élèvent à 15 % en moyenne sur les ventes de son livre –, devraient, elles aussi, être multipliées par deux ou un peu moins, mais en tout cas sérieusement reconsidérées. Or, quand j'en discute avec les éditeurs, je me heurte à un

« non » catégorique, la plupart se montrant réticents à l'idée d'accroître substantiellement la rémunération des auteurs ! Je suis stupéfait quand je vois des addenda aux contrats dans lesquels les éditeurs proposent le même pourcentage pour les droits numériques que pour le papier.

CÉDER LES DROITS NUMÉRIQUES POUR UNE DURÉE TRÈS COURTE

Que prévoyez-vous aujourd'hui pour la cession des droits numériques lorsque vous négociez un contrat pour l'auteur dont vous défendez les intérêts ?

En fait, je dispose pour le moment de deux options. La première consiste à présenter mes conditions à l'éditeur sur une éventuelle exploitation numérique du livre, à savoir une cession courte. Si je me heurte à un refus, c'est très simple : mon auteur conserve ses droits et nous ne cédons rien. L'éditeur peut aussi me répondre qu'il les détient de toute façon, ce à quoi je réplique : « Prouvez-le juridiquement et nous verrons bien ! » Les éditeurs devraient d'ailleurs faire preuve de prudence sur ce point, car cette attitude pourrait créer une jurisprudence qui risquerait de leur être défavorable.

En effet, je ne suis pas certain que le Syndicat national de l'édition (SNE) sera heureux de s'apercevoir que la présomption de détention de droits sur l'exploitation numérique pourrait fort bien être invoquée par Google dans le procès qui les oppose depuis 2006, car c'est justement sur ce point que la firme risque de répliquer en appel contre les éditeurs et les auteurs américains ou français qui se sont indignés de voir leurs livres mis en accès libre par le moteur de recherche, au mépris du droit d'auteur. Et ce, pour une raison très simple : mes tiroirs, et probablement ceux de nombreux autres agents littéraires, regorgent de lettres circulaires émanant d'éditeurs s'inquiétant précisément de la question de savoir *qui* possède réellement ces droits.

Bref, ils seraient bien inspirés de faire attention car si eux-mêmes ne sont pas sûrs de posséder les droits, les avocats de Google, qui ne sont pas des imbéciles – c'est même le moins qu'on puisse dire –, pourraient en jouer. J'ai lu de près les minutes du procès et j'avoue que la position des éditeurs me paraît assez faible. Google possède des moyens considérables et une ambition sans limites.

Vous suggériez qu'il pourrait exister, demain, une troisième option en matière de cession de droits numériques. Laquelle ?

Je veux dire par là que quand les outils de développement numérique seront amortis, que la TVA sera redescendue à 5,5 % (ce qui sera le cas à compter de janvier 2012) et que les seuls vrais interlocuteurs, pour la librairie, seront les grands moteurs de recherche, c'est-à-dire lorsque nous serons dans une vraie économie numérique du livre, il faudra que la situation soit réévaluée. En attendant, je suis d'accord pour signer des contrats dans lesquels les droits numériques sont les mêmes que les droits papier, mais alors pour une durée très limitée, au-delà de laquelle on renégociera. Je considère par ailleurs qu'il n'y a pas d'exploitation numérique sans disponibilité de l'édition papier.

Exploitation des droits numériques : les enjeux contractuels

– Les droits numériques, droits premiers ou seconds, contractualisés à part ou non, sont-ils à considérer comme premiers quand il s'agit de l'œuvre intégrale et que le livre numérique est exploité directement par l'éditeur ? Et comme seconds quand il s'agit de morceler le texte, sous forme de feuilleton pour smartphones, par exemple, ou bien de l'adapter avec images et sons ? La nuance est de taille : si les droits numériques sont premiers, ils doivent faire l'objet d'un contrat à part, comme les droits audiovisuels.

– Qu'en est-il de leur propriété ? Certains auteurs s'interrogent sur le statut des contrats prénumériques. En vertu de ceux-ci, la propriété des droits numériques leur demeure-t-elle de fait ? Les professionnels consultés jugent que oui et qu'il suffit que l'auteur avertisse son éditeur de son intention d'exploiter directement les droits numériques.

– Le principe d'« exploitation permanente et suivie » est normalement assuré par l'éditeur. À terme, la disponibilité d'un texte en version numérique vaudra-t-elle disponibilité tout court ? Qu'en sera-t-il de la possibilité de récupérer ses droits en cas d'épuisement de la version papier ?

– *Quid* de la rémunération de l'auteur ? En France, il s'agit souvent d'un pourcentage du prix public équivalent au premier taux pratiqué pour l'édition courante ; aux États-Unis, la rémunération varie entre 20 et 50 % des recettes nettes, et jusqu'à 70 % dans le cadre d'une offre récemment faite par Amazon aux auteurs et aux éditeurs désireux d'offrir leur ouvrage en autoédition sur le site marchand (à noter qu'Amazon assortit ses propositions de diverses conditions).

– Quel est l'usage qui en sera fait et la rapidité du développement de ces exploitations, *via* des opérateurs nouveaux, pas nécessairement éditeurs eux-mêmes ?

> – Étant donné les incertitudes techniques, éditoriales et commerciales, quelle doit être la durée des contrats numériques ? Deux ans, trois ans, cinq ans ? Quelle doit être leur modalité de reconduction ? Quel critère minimum de vente ou de disponibilité appliquer ?
>
> Extrait tiré de l'enquête réalisée par Juliette Joste pour le Motif : *L'Agent littéraire en France, réalités et perspectives* (juin 2010). En accès libre sur www.lemotif.fr

Pour l'heure, que proposez-vous finalement aux éditeurs dans vos négociations ?

Sur le fond, je défends toujours le dialogue avec les maisons d'édition car je ne crois pas du tout dans la chimère selon laquelle les écrivains pourraient, demain, s'affranchir des éditeurs. D'où l'échec de l'agent littéraire américain Andrew Wylie dans son bras de fer contre Random House à New York. Dans la phase actuelle d'incertitude, je crois qu'il est essentiel d'avancer de façon solidaire avec les éditeurs et de donner à ceux-ci les moyens d'explorer le champ des possibilités, tout en protégeant le droit d'auteur. Concrètement, cela signifie que l'on accepte de signer les contrats numériques aux conditions proposées, mais en exigeant une renégociation d'ici deux ou trois ans.

Je propose donc une formule intermédiaire qui repose sur une pierre sacrée : je pars toujours du postulat que *l'éditeur ne détient pas les droits numériques* et qu'il s'agit, par conséquent, d'une nouvelle cession. Certains refusent mais, sur ce point, je ne céderai pas. S'il s'agit par exemple de négocier une offre en format numérique sur un roman de Michel Houellebecq, il est inconcevable de céder tous les droits à l'éditeur pour une durée indéterminée. Je suggère de ce fait une cession de trois ans renouvelable, le but étant de se donner un nouveau rendez-vous dans une perspective temporelle raisonnable puisque nul, encore une fois, ne sait à quoi ressemblera le paysage éditorial d'ici quelques années ni dans quelle mesure le livre numérique va décoller en Europe. Quitte à tout remettre à plat et rediscuter à ce moment-là, étant entendu que l'agent littéraire, qui représente l'auteur, pourrait, le cas échéant, et selon le souhait de l'auteur, ne pas renouveler la « licence », puisque c'est bien en termes de licence qu'il convient, en l'espèce, de raisonner.

Or, aujourd'hui, la position de la plupart des éditeurs consiste, encore une fois, à dire : « Les droits sont chez nous, y compris pour l'exploitation numérique et pour la durée de la propriété littéraire. » Cette dernière notion, à l'heure mouvante du numérique, est absurde.

LE CAS DE LA BANDE DESSINÉE

Pour ce qui concerne la bande dessinée, les éditeurs invoquent également les investissements coûteux et complexes qu'ils sont contraints de réaliser pour un passage au numérique, ce qui est vrai. Il est également possible que dans cinq ou six ans, un auteur de bande dessinée veuille reprendre l'ensemble de ses droits et en avoir l'exploitation directe. La question pouvant se poser le moment venu, je suis, pour ma part, dans l'obligation morale de me placer du point de vue de l'auteur et d'anticiper cette éventualité. Il faut, enfin, envisager le scénario selon lequel un éditeur garderait les droits numériques et n'en ferait finalement rien : quel recours aura alors l'auteur ? D'où, encore une fois, la nécessité de cessions courtes, négociées en amont et renégociées en aval, quelques années plus tard. Trois ans me paraissent une bonne distance.

Certains éditeurs envisagent aussi des formules d'abonnement. Qu'en pensez-vous ?

Dans les contrats, je refuse les formules d'abonnement dans lesquelles le fournisseur d'accès vous demande par exemple 20 euros par mois, durée pendant laquelle vous pourrez commander autant de livres numériques que vous le souhaitez. Mais comment rémunérer l'auteur quand le distributeur met ses livres en accès libre ? Mystère... Dans le domaine de la bande dessinée, la formule d'abonnement se justifie davantage, mais, je le répète, ma principale préoccupation est que l'auteur ne soit pas lésé. Aujourd'hui, je m'oppose donc aux systèmes d'abonnement qui empêchent la rémunération titre par titre tant qu'on ne pourra pas individualiser les remontées de recettes. J'exige aussi des comptes séparés : pas d'amortissement du numérique par le papier ou *vice versa*. Là encore, je suis ahuri de voir à quel point l'auteur est peu consulté. L'édition est un monde qui vit sur le dos des créateurs et qui, longtemps, a également vécu grâce à l'aide indirecte de l'Éducation nationale ou de la fonction publique, beaucoup d'auteurs étant enseignants, universitaires, chercheurs, etc. Curieuse tradition française !

Appel pour des « règles du jeu du livre numérique » (mars 2010)

La « révolution numérique » du livre de bande dessinée se passe ici et maintenant... dans la confusion, à marche forcée et sans les auteurs.

Prenons une question simple en apparence : « Diffuser une bande dessinée sur un téléphone portable ou sur un écran d'ordinateur, est-ce diffuser l'œuvre originale, son adaptation ou une œuvre dérivée ? » Rien que sur cette question, aucun des acteurs du livre ne donne la même réponse, car elle cache des enjeux importants sur le plan du droit moral comme sur le plan financier.

Si le livre de bande dessinée numérique est une adaptation du livre (parce qu'on modifie l'organisation des cases, le format, le sens de la lecture, qu'on y associe de la publicité), l'auteur devrait avoir un bon à tirer à donner au cas par cas. Si le livre de bande dessinée numérique est le résultat d'une cession de droits dérivés, alors 50 % des sommes collectées devraient revenir aux auteurs [...]. En revanche, si le livre numérique est un livre « comme les autres », comme l'affirment les éditeurs, il semble que cela soit surtout pour justifier que les rémunérations versées aux auteurs soient alignées sur le pourcentage habituel de droit d'auteur, soit entre 8 et 12 % [...].

Dans tous les cas évoqués ci-dessus, rien ne se fait dans la transparence. Comment et sur quoi seront rémunérés les auteurs ? De quoi vont-ils vivre ? Quels seront les circuits et systèmes d'exploitation des BD et les vrais commerçants du marché numérique qui reste à construire ? Mystère et boule de gomme...

Ne nous méprenons pas. Nous nous réjouissons de voir nos éditeurs se lancer enfin sérieusement dans la révolution numérique. Mais nous déplorons que les initiatives éditoriales partent dans tous les sens et nous imposent leur cadre, au lieu d'un débat organisé au sein de la profession pour dégager des usages et chercher un consensus entre tous les partenaires, auteurs inclus. Dans les faits, chaque éditeur essaie dans son coin de faire avaler la pilule à ses auteurs...

Le livre numérique, qui n'existerait pas sans nos créations, sans lesquelles tout ce marché en devenir ne serait rien, se construit sans que personne n'envisage de nous demander notre avis. Les éditeurs ont visiblement décidé d'imposer leurs choix aux auteurs dont il semble que personne n'envisage qu'ils puissent avoir un avis sur des sujets aussi rébarbatifs que la TVA, le prix unique du livre, la répartition des coûts, leur niveau de rémunération, leurs moyens d'existence et de vivre autrement que d'amour et d'eau fraîche.

Nous allons donc le dire clairement. Nous sommes las de nous entendre dire : « Mais enfin, vous pourriez nous faire confiance ! » Nous voulons être associés de très près à ce qui sera peut-être, demain, le moyen de diffusion principal de nos œuvres. Nous voulons des réponses à nos questions. Pourquoi devrions-nous céder nos droits numériques jusqu'à soixante-dix ans après notre mort alors qu'on ne sait même pas quelle forme aura cette exploitation numérique l'année prochaine et qui la fera le mois prochain ? [...] Pourquoi les rémunérations prévues pour les auteurs sont, au bout du compte, sans doute au moins deux fois plus basses que dans le livre papier ? [...] Pour toutes ces questions laissées jusqu'à maintenant sans aucune réponse, nous voulons la mise en place d'un groupe de travail représentant éditeurs et auteurs sous l'égide du ministère de la Culture [...].

Nous voulons que la cession des droits numériques fasse l'objet d'un contrat distinct du contrat d'édition principal, limité dans le temps, ou adaptable et renégociable au fur et à mesure de l'évolution des modes de diffusion numérique. Nous voulons que toute adaptation numérique de nos bandes dessinées soit soumise à notre validation.

D'ici là, faute de la moindre concertation, alors que les éditeurs organisent tranquillement un marché aux formes qui leur seraient les plus profitables et confortables, nous refusons d'autoriser l'exploitation de nos œuvres dans leur format numérique et nous appelons tous les auteurs de bande dessinée et du livre en général à faire de même.

Gardons nos droits pour faire entendre notre voix.

Cet appel, lancé à la veille du Salon du livre 2010 à l'initiative du groupement des auteurs de BD (GABD), est soutenu, entre autres, par les organisations professionnelles suivantes : le Syndicat national des auteurs et des compositeurs, la Société civile des auteurs multimédia, la Charte des auteurs et illustrateurs jeunesse, les Écrivains associés du théâtre, l'Association des traducteurs littéraires de France, l'Union guilde des scénaristes, l'Union nationale des peintres et illustrateurs, la Société des auteurs des arts visuels et de l'image fixe, le Syndicat des écrivains de langue française.

L'ÉDITION FRANÇAISE ÉVOQUE PARFOIS LE GLACIS SOVIÉTIQUE : IL FAUT LA BOUSCULER

Et si Google décidait de développer une filiale éditoriale en France, quitte à débaucher de bons professionnels de l'édition classique ?

C'est en effet un risque à ne pas minimiser, surtout si les grands moteurs de recherche ont la clairvoyance – ne les sous-estimons pas ! – de proposer aux créateurs des contrats prévoyant d'accroître leurs royalties ou droits d'auteur (par comparaison avec ce qu'ils touchent sur le livre papier). Amazon a par exemple proposé à des auteurs une rémunération de 70 % sur les ventes. Dans cette hypothèse, il n'est pas du tout exclu que certains écrivains connus souhaitent tenter l'expérience une fois le marché arrivé à maturation. C'est à eux qu'il reviendra en tout cas de choisir, selon la rémunération qu'on leur propose, mais aussi – pourquoi pas ? – en fonction d'une offre artistique plus séduisante, plus sophistiquée, plus belle dans sa conception. Quoi qu'il en soit, c'est aux éditeurs de s'y préparer pour faire en sorte que leurs auteurs ne soient pas tentés, un beau jour, de les quitter pour Google, Amazon ou un nouvel opérateur entreprenant.

Pour l'instant, les consommateurs de livres numériques étant extrêmement minoritaires en Europe, il s'agit certes d'une vue de l'esprit, mais on ignore ce qu'il en sera dans quelques années. Je constate en tout cas que si le marché reste très marginal, il progresse à cent à l'heure. Voyez ce qui se passe en ce moment aux États-Unis, l'un des pays où le taux d'équipement en liseuses électroniques est le plus élevé et où les éditions numériques connaissent une forte croissance, avec 200 % d'augmentation entre mai 2009 et mai 2010. Or, à propos d'équipement, les smartphones, la sortie de l'iPad début 2010 et l'apparition d'appareils de lecture de plus en plus perfectionnés pourraient entraîner un phénomène analogue sur le Vieux Continent.

Si le livre numérique prend auprès du public, pensez-vous qu'il pourrait bouleverser à brève échéance la filière du livre et ses divers métiers ? Son essor se fera-t-il, selon vous, au détriment du livre papier ?

Ces questions sont extrêmement complexes. Aura-t-on une distribution démultipliée, groupée au sein d'une ou de plusieurs plates-formes ? Que sera le rôle des libraires, des bibliothèques, des moteurs de recherche et des fournisseurs d'accès ? Va-t-on assister à une harmonisation européenne, en matière législative et fiscale, dans la gestion collective des droits numériques ? Ces interrogations ouvrent un vaste champ de réflexion quant au lien entre l'auteur et l'éditeur.

Je pense que la fonction éditoriale sera certainement maintenue, sans quoi la qualité de l'offre baisserait et les lecteurs, confrontés à une masse de textes n'ayant fait l'objet d'aucune sélection en amont, risqueraient d'être totalement désorientés. Dans l'ensemble, le système pourrait par contre devenir beaucoup plus souple et plus ouvert, et il n'est pas impossible que l'on voie arriver dans la filière toutes sortes d'acteurs intermédiaires. Dans ce cas de figure, les éditeurs devront repenser leur métier très en profondeur. Certains voudront se développer sur les deux créneaux, papier et numérique, d'autres resteront sur le papier, d'autres encore ne feront plus que des livres numériques – il me semble que toutes les options seront ouvertes.

Une chose est sûre : le développement du livre numérique sera certainement une bonne chose s'il parvient à bousculer le système quelque peu sclérosé de l'édition en France qui, par moments, fait un peu penser au Parti communiste de l'Union soviétique à la grande époque ! Pour l'heure, il me semble en tout cas que de nombreux éditeurs tendent à appréhender le numérique en se disant qu'ils pourront, en gros, conserver les mêmes conditions et continuer à mal rémunérer leurs auteurs tout en augmentant leurs propres marges. Une fois les premiers investissements amortis avec l'aide de l'État et une fois la TVA sur le livre numérique alignée sur celle du papier, ils sont enclins à croire que tout ira à peu près bien et qu'ils seront sauvés.

LE NUMÉRIQUE EST EN VÉRITÉ
UNE AUBAINE POUR LES ÉDITEURS

Je note aussi que, derrière leurs airs parfois catastrophés, le numérique représente pour eux une aubaine, même s'ils ne le clament pas sur les toits. Il y a beaucoup d'hypocrisie dans cette histoire. La perspective de pouvoir emmener son e-reader pendant l'été au lieu de transporter trente manuscrits, cela leur plaît. Il y a quelques années, la plupart les éditeurs ne pariaient guère sur le numérique. Or beaucoup admettent aujourd'hui que c'est sur une liseuse qu'ils découvrent de nombreux manuscrits.

Si l'on fait un parallèle avec le monde du cinéma en France, il n'est pourtant pas impossible que l'on se retrouve, à l'horizon de quinze ou vingt ans, dans un paysage complètement renouvelé, où l'édition numérique occuperait 30 à 50 % des parts de marché, plus ou moins à égalité avec l'édition papier. Les deux systèmes cohabiteraient sans que le nouveau tue nécessairement l'ancien. À moyen terme, il est probable que le livre classique conserve son attrait aux yeux de nombreux lecteurs, notamment dans le domaine de la littérature générale. D'autres secteurs, par contre, vont probablement basculer de l'édition papier vers l'édition numérique, comme les dictionnaires, les encyclopédies ou les livres spécialisés. On s'acheminera sans doute, dans un premier temps, vers des formules mixtes numérique-papier, le premier devant coûter moins cher que le second. Pour l'heure, ce n'est pas le cas puisqu'en France le prix des livres numérisés reste comparativement élevé. En moyenne, un best-seller se vend ainsi

12,54 euros (version numérique) contre 15,31 euros (version papier), tandis qu'aux États-Unis, le prix est souvent divisé par deux.

JE CRAINS QUE LES LIBRAIRES
AIENT LOUPÉ LE COCHE

Et les libraires, que vont-ils devenir ?

Les libraires ont me semble-t-il totalement loupé le coche et je crains fort qu'ils ne soient les premières victimes de l'édition numérique. Pourtant, le Syndicat des libraires existe et les petits libraires ont deux confrères puissants, Virgin et la Fnac : comment se fait-il qu'ils ne se soient pas inquiétés, il y a déjà trois ou quatre ans, de l'arrivée du numérique et qu'ils n'aient pas mis au point très rapidement une plate-forme mutuelle de vente en ligne ? Cela m'échappe.

Depuis quelque temps, ils se réveillent enfin, mais je vois beaucoup d'éditeurs rire sous cape et considérer qu'il s'agit d'une agitation un peu inutile, même s'ils jouent le jeu. On annonce ainsi la création prochaine d'un portail commun de la librairie indépendante qui viserait d'abord à assurer la vente de livres papier. Selon les pouvoirs publics, là encore disposés à aider les libraires à financer cette première plate-forme, celle-ci devrait leur permettre, grâce aux méthodes de travail en commun nées de cette expérience, de trouver plus facilement leur place sur le marché du livre numérique. Le rapport Albanel préconise aussi qu'une fois le choix fait de s'engager dans la vente d'ouvrages sous format numérique l'État les soutienne *via* des aides directes ou des prêts à taux zéro, une contribution qui pourra s'accompagner d'un service d'impression à la demande.

Le principe du prix unique du livre, en vigueur depuis la loi Lang de 1981, dont l'économie générale repose sur le fait que le prix de chaque livre s'impose de manière identique à tous les détaillants, vous semblerait-il applicable au livre numérique ? Le rapport de Christine Albanel, que vous avez évoqué, suggère ainsi une extension de la loi. À court terme, il s'agirait, sans fragiliser ses dispositions, d'adopter un texte législatif reprenant, pour le livre homothétique (simple fac-similé du livre physique), les principes de 1981. Le même rapport envisage la possibilité de doubler cette mesure d'une règle interdisant aux éditeurs de pratiquer des rabais supérieurs à 50 % du prix du livre papier pour un livre numérique.

Quand nous avons commencé à entamer des discussions sur la question de savoir quelle réduction consentir sur les fichiers numériques, notamment lors du Salon du livre de 2008, j'ai constaté que les éditeurs étaient les premiers à piétiner le principe du prix unique. Ils auraient dû dire d'une seule voix : prix unique du livre papier, prix unique du livre numérique – l'un et l'autre, ne l'oublions pas, étant fixés par les éditeurs eux-mêmes –, puis se concentrer sur les modalités. Si le livre numérique prend son envol, il est évident que les lecteurs n'accepteront pas d'acheter leurs fichiers trop cher. Je remarque qu'ils sont souvent plus perspicaces que les éditeurs et qu'ils ont bien compris que les coûts de fabrication et de distribution n'étaient pas les mêmes dans les deux cas. Le livre numérisé doit donc coûter moins cher que sa version imprimée, la seule qui existe vraiment, à ce jour, sur le marché, cela ne se discute même pas. C'est aussi pourquoi je propose, pour les cessions de droits, des contrats à durée déterminée.

Il nous arrive souvent d'acheter des livres sur Amazon. Si nous nous mettions à consommer des livres numériques en quantité, nous aurions sans doute tendance à rester fidèles au même fournisseur en ligne pour nous épargner cette gymnastique fastidieuse qui consiste à s'inscrire sur chaque plate-forme. Si le consommateur trouve des offres gratuites sur Amazon, il est également possible qu'il soit intéressé. Pensez-vous qu'une plate-forme unique des éditeurs français pourrait s'imposer à l'usage et modifier les habitudes déjà prises par les internautes ?

L'offre gratuite signifie qu'on utilise le livre comme produit d'appel, ce qui me paraît une mauvaise déviance et une pratique plutôt dommageable pour l'idée que l'on peut se faire de la littérature au début du XXIe siècle. Sur la question des plates-formes de vente en ligne, je suis très étonné d'observer qu'aucun éditeur français n'ait pris l'initiative de rencontrer des professionnels de la vidéo qui disposent déjà d'une bonne expérience de cette pratique avec des catalogues riches de 50 000 films. Il serait pourtant très intéressant de savoir comment ils procèdent. Certains éditeurs de DVD se sont par exemple rendu compte que les films plébiscités par le public se vendent assez bien sur impulsion. En revanche, pour ce qui concerne la réédition de chefs-d'œuvre du cinéma, ils se sont aperçus qu'il s'agissait d'un marché de niche. Du coup, ils ont mis en vente de très belles éditions, soignant le coffret, le graphisme, le livret, les bonus, etc. Ces produits s'adressent alors à une population de cinéphiles, type cadres supérieurs, prêts à débourser 30 euros pour un bel objet, tout de même plus seyant, dans une bibliothèque ou une vidéothèque, que des clés USB pendues à des clous… Cela se vérifiera aussi sans doute pour les livres, mais encore faudrait-il avoir l'idée de s'inspirer de ces modèles existants.

Aux États-Unis, le principe du print on demand, *de l'impression à la demande, est déjà relativement répandu, qu'il s'agisse de se faire imprimer un fichier numérique acheté en ligne ou d'éditer son propre livre à compte d'auteur, que l'on diffuse ensuite* via *son blog, par exemple. Certaines librairies sont ainsi équipées de machines très performantes, comme l'Espresso Machine Book. Pensez-vous que ce système pourrait peu à peu se développer en France ?*

Ce genre d'édition parallèle, dotée de seuils d'amortissement très bas, a toujours existé. L'ancêtre s'appelle la photocopieuse ! Il n'est pas impossible que demain, il ne soit même plus nécessaire de se rendre dans une librairie pour cela : de même que nous avons aujourd'hui des scanners, de même n'est-il pas exclu que d'ici quelques années les lecteurs possèdent une minimachine de ce type à la maison. On commandera un fichier en ligne et on l'imprimera chez soi. À vrai dire, l'expansion de ces pratiques dépendra avant tout de ce que la technologie sera en mesure de mettre sur le marché. On peut en tout cas parier que de nombreux ingénieurs doivent être en train d'y réfléchir et de tester des prototypes.

Les éditeurs français
à l'heure du numérique :

*Les points de vue de Bernard Fixot
et de Teresa Cremisi suivis d'une discussion*

De quelle façon l'édition française se prépare-t-elle au livre numérique ? Si celui-ci occupe encore dans l'Hexagone une part infime du marché, les éditeurs prennent peu à peu conscience de la nécessité de présenter un front coordonné face à ce que Teresa Cremisi n'hésite pas à qualifier de véritable « révolution culturelle ». Après la musique et le cinéma, le vieux livre imprimé que nous connaissons depuis Gutenberg prépare donc sa conversion. L'offre commence à se former et, si elle reste difficile à rentabiliser compte tenu du peu de textes disponibles, certains observateurs prévoient, d'ici peu, une véritable effervescence. Frileux au départ, les acteurs de la chaîne du livre travaillent ainsi, depuis quelques années, à réinventer une chaîne économique parallèle à celle du papier. La tâche n'est pas aisée, les avancées relativement lentes – à quand une plate-forme commune des éditeurs français ? – et les interrogations nombreuses : quels textes chargera-t-on demain sur nos liseuses électroniques, ces tablettes à peine plus grandes qu'un livre sur lesquelles on peut lire des centaines d'ouvrages sur des écrans mimant le papier grâce à l'encre électronique ? Pour quel usage et selon quel mode de distribution ? Quel sera par ailleurs l'avenir de l'édition en général, de ses pratiques commerciales et de ses acquis juridiques ?

Si la plupart des éditeurs français demeurent convaincus que le livre numérique ne remplacera pas le livre physique – ils se compléteront plutôt –, l'émergence du premier suscite malgré tout de nombreuses inquiétudes. À la tête d'Hachette Livre, Arnaud Nourry (tout comme Bernard Fixot et Teresa Cremisi plus bas) dénonce ainsi, avec l'ensemble de la profession, les prix cassés d'Amazon, une politique qui aurait artificiellement boosté le marché américain et qu'il juge plus dangereuse encore, pour la chaîne du livre en France, que l'offensive Google. « Google menace les éditeurs par l'accès gratuit, Amazon par le prix unique à 9,99 dollars », souligne-t-il. Décision dramatique, à ses yeux, puisqu'elle détruit toute la chaîne du livre : « Quand on décide de casser le prix du dernier Dan Brown, c'est catastrophique ! », pour l'éditeur comme pour le libraire.

Pour résister à cette offensive, les éditeurs français ont donc tous commencé à numériser leurs catalogues avec divers soutiens financiers, notamment celui du Centre national du livre (CNL) et du Syndicat national de l'édition (SNE). Certains investissent fortement et convertissent massivement leur fonds, d'autres démarrent plus doucement. Il existe aussi, désormais, des prestataires de service spécialisés dans les processus éditoriaux, capables de produire des livres électroniques lisibles sur les principaux lecteurs. Pour Emmanuel Benoît, expert en édition électronique chez Jouve, une société qui convertit en France les catalogues de nombreux éditeurs, 60 à 70 % des textes convertis relèvent de la littérature générale et 40 % sont du type guides de voyage ou livres de cuisine. Aujourd'hui, la société travaille également sur des contenus éducatifs. Selon lui, la quasi-totalité des éditeurs français s'orienterait vers le numérique, même si on ne sent pas encore de frémissement au niveau de la demande. Il n'en perçoit pas moins une prise de conscience de l'importance et de l'opportunité du marché.

Autre problème : la France connaît, pour l'heure, une offre légale très faible puisque environ 1 titre sur 10 et moins de 1 best-seller sur 5 sont aujourd'hui disponibles en format numérique. La boutique en ligne de la Fnac propose ainsi 40 000 titres et celle de Virgin 21 000 (à titre de comparaison, Amazon, le leader de la vente sur Internet, revendique 620 000 références). Or cette faiblesse favorise le développement du téléchargement illégal où, paradoxalement, l'offre est plus abondante. Selon l'étude de Mathias Flaval, publiée en octobre 2009 par l'Observatoire du livre et de l'écrit en Île-de-France (le Motif), l'écart entre l'offre illégale et l'offre légale serait de 53,3 % contre 26,6 % pour les romans, et de 86,6 % contre 13,2 % pour la bande dessinée.

Une des explications de cet écart tient, en France, à l'éclatement des plates-formes de distribution – plus d'une trentaine recensées à ce jour ! –, une dispersion qui complique la tâche des usagers, contraints de jongler entre ces différentes librairies en ligne, y compris pour les titres les mieux vendus. En outre, le prix des fichiers numériques reste dissuasif, avec quelques euros seulement de différence entre l'édition numérique et l'édition « papier ».

Comment remédier à cette situation et mieux anticiper la révolution numérique, alors même que les géants de l'Internet (Amazon, Google, Apple) ont commencé, dans le domaine du livre électronique, à se livrer une concurrence féroce susceptible de tout engloutir ? Pour y répondre, Luc Ferry a invité deux des éditeurs français les plus en vue à exposer, devant le Conseil d'analyse de la société, leur diagnostic et leurs recommandations.

Teresa Cremisi, qui a pris la tête du groupe Flammarion en 2005 en même temps qu'elle était nommée administratrice d'une multinationale de la presse et de l'édition, l'italien RCS, est l'un des éditeurs français les plus respectés par ses pairs. Longtemps directrice éditoriale des éditions Gallimard (de 1989 à 2005), où elle était surnommée « le Premier ministre » par Philippe Sollers, cette femme de caractère, née en Égypte en 1945, a de nombreux succès de librairie à son actif. Elle compte aujourd'hui parmi ses auteurs des écrivains reconnus comme Michel Houellebecq, Yasmina Reza, Catherine Millet, Jean-Christophe Rufin, mais ne se départit jamais de sa modestie : « Éditer des livres est un métier imprévisible : on ne sait rien et on se trompe tout le temps ! »

Bernard Fixot, né à Villejuif en 1943, mène lui aussi, depuis près de quarante ans, une fulgurante carrière d'éditeur, collectionnant les best-sellers, de Marc Lévy à Guillaume Musso, en passant par la série *Ramsès* de Christian Jacq (vendue à 27 millions d'exemplaires dans le monde). Tour à tour président-directeur général des éditions Fixot (de 1987 à 1999) puis des éditions Robert Laffont (de 1993 à 1999), cet enfant du peuple qui a toujours rêvé d'amener à la lecture un public aussi large que possible fonde ensuite, en 1999, les éditions XO, puis Oh ! Éditions, deux enseignes aujourd'hui rattachées au groupe Éditis. Doté d'un flair et d'une énergie que lui envient la plupart de ses confrères, il accumule, là encore, les succès, fidèle à son ambition : « Faire descendre la littérature dans la rue. »

Si ces deux grands éditeurs s'accordent à penser que la domination sans partage du livre numérique n'est pas pour demain, l'un et l'autre n'en estiment pas moins que la sauvegarde de leur métier, qui passe par la protection de la création littéraire et du droit d'auteur, impose aujourd'hui la mise en avant concertée de trois exigences fondamentales : la mise en place d'une plate-forme de vente unique, commune aux différents éditeurs français ; une législation limitant le discount pratiqué par les colosses du Net sur la vente en ligne de livres imprimés comme sur la vente de fichiers numériques ; et, enfin, l'obtention, acquise en 2011, d'une baisse du taux de TVA sur le livre numérique (auparavant taxé à hauteur de 19,6 % contre 5,5 % pour le livre « papier »).

En 2009, cette dernière revendication, jugée vitale par de nombreux éditeurs, a justement fait l'objet, à l'initiative d'Antoine Gallimard, d'une lettre ouverte aux députés européens (voir, plus loin, en encadré). Depuis, elle a été reprise par Christine Albanel dans son rapport, *Pour un livre numérique créateur de valeur* (avril 2010). L'une des propositions les plus originales de ce rapport réside par ailleurs dans l'idée de créer un groupement d'intérêt économique (GIE) du livre français, l'outil le plus adéquat, selon Christine Albanel, pour « rassembler en son sein partenaires publics et privés dans une vraie coopération entre l'État, qui serait majoritaire *via* son premier établissement public culturel, la BNF, et les acteurs du monde du livre : éditeurs, au premier chef, mais aussi, sous des formes à définir, libraires et sociétés d'auteurs ». Christine Albanel juge en effet nécessaire de regrouper un certain nombre de compétences encore trop disséminées. À ses yeux, un tel groupement aurait, en outre, « les avantages de la réactivité, de la souplesse, de la concentration des moyens et de l'identification des responsabilités ».

A. L.-L.

Une révolution culturelle
et un formidable défi
pour les éditeurs

Teresa Cremisi

Dans le monde de l'édition, on pourrait presque dire que la révolution numérique est en marche depuis trente ans. Elle a en effet commencé par la fabrication. À partir du moment où les éditeurs ont abandonné le plomb au profit de l'informatique, une mutation s'est produite. À mesure que le coût de la distribution augmentait, les coûts de fabrication des livres diminuaient, une évolution perçue par les éditeurs comme assez rafraîchissante. À partir de l'année 2000, le numérique s'est également imposé dans certains secteurs de l'édition, parmi les moins visibles pour le grand public puisqu'il s'agit des ouvrages juridiques, scientifiques ou portant plus généralement sur les techniques. Aujourd'hui, le numérique entre de plain-pied au cœur de notre métier : la littérature générale et les essais.

UNE ANNÉE 2009
RICHE EN ÉVÉNEMENTS

Si le livre imprimé conserve encore toute sa place, d'autres supports se développent et les habitudes changent. Nous travaillons sur des logiciels de traitement de texte et les grandes librairies en ligne sont couramment utilisées, qu'il s'agisse du site de la Fnac ou d'Amazon. Les éditeurs électroniques se développent et les bibliothèques numériques testent de nouveaux modes de mise à disposition des fichiers. Nous avons accès sur le Net à des encyclopédies en ligne et à des œuvres hypermédia. Enfin, il nous est désormais possible d'acheter des appareils de lecture électroniques – les « liseuses », dont le fameux Kindle d'Amazon –, sans compter l'achat possible d'applications téléchargeables sur notre iPad, notre iPhone ou notre BlackBerry. Le Web lui-même est, en un sens, une vaste encyclopédie. Quant au patrimoine culturel français, européen ou mondial, il est d'ores et déjà en cours de numérisation. Le papier électronique et les liseuses sont à peu près au point et les versions couleur devraient arriver vers la fin de l'année 2010.

Dans ce contexte, l'année 2009 a été particulièrement riche en événements, en annonces se contredisant les unes les autres, en réflexions et en controverses. Nous vivons un tournant sans commune mesure avec les changements que nous avions connus hier en matière de fabrication. C'est désormais l'ensemble de la chaîne traditionnelle du livre qui se reconfigure sous nos yeux. Les interactions entre les différents acteurs évoluent, au point que l'apparition du livre numérique et des liseuses, le développement progressif de la lecture sur divers types de terminaux mobiles ne représentent au fond que les éléments les plus visibles et les plus facilement observables de ce vaste processus de transformation.

En France, le mouvement est plus tardif et plus timide qu'au Royaume-Uni, où l'offre numérique est déjà extrêmement importante et diversifiée, pour ne rien dire des États-Unis, où le marché du livre électronique connaît une expansion rapide. Fin décembre 2009, le géant de la distribution en ligne, Amazon, annonçait ainsi que « le jour de Noël et pour la première fois dans l'histoire, les clients d'Amazon ont acheté plus de livres Kindle que de livres papier ». Il faut naturellement se méfier de ces effets d'annonce, d'autant que le 25 décembre, les librairies sont fermées et ceux qui viennent de recevoir un Kindle sous leur sapin sont forcément pressés d'étrenner leur nouveau lecteur en passant leurs premières commandes. Quoi qu'il en soit, selon les chiffres fournis par l'Association américaine des éditeurs, les livres reliés représentaient 35 % des ventes en 2009, les livres de poche 56 % et les livres numériques 3 %, même si cette part est en constante augmentation puisqu'elle s'élève aujourd'hui à 10 %. Au Japon, situé juste derrière les États-Unis, les habitudes de lecture se sont modifiées avec la téléphonie mobile, au point qu'en 2009, le marché du livre numérique représentait déjà 6 % du chiffre d'affaires de l'édition nipponne.

LA RÉVOLUTION EST EN MARCHE

Les éditeurs commencent à prendre la mesure du défi. *A priori*, leur formation ne les avait guère préparés à s'intéresser de près aux ordinateurs, aux réseaux ou à la technologie. Cette dernière, pourtant, s'est peu à peu imposée dans nos métiers, que ce soit, encore une fois, à travers le traitement de texte, les logiciels ou l'utilisation de bases de données. La chaîne éditoriale a évolué avec une extrême rapidité au cours de ces derniers mois. Les maisons d'édition ont dû modifier leur mode de production de façon à proposer une offre de livres sous différents formats. Nous avons désormais une imprimerie en PDF et des fichiers destinés aux liseuses, sans parler des fichiers ePub. Au sein même des maisons d'édition, les modes de communication permettent un accès permanent et instantané aux textes : cela va des jeux d'épreuves dont se servent les attachées de presse (pour envoyer les livres avant parution aux journalistes) aux e-readers synchronisés des représentants commerciaux qui démarchent les libraires. Enfin, une fois le livre achevé, il est maintenant possible d'en commercialiser une version électronique *via* une plate-forme de distribution qui autorise sa visualisation partielle (ou feuilletage) sur un e-catalogue, certains lecteurs désirant disposer d'une version numérique de l'ouvrage qu'ils achètent pour pouvoir le lire sur un terminal électronique.

Ces commodités sont bien connues et elles sont liées à certains traits de la vie contemporaine, comme la mobilité. Le faible encombrement et le poids minime d'une liseuse électronique ou d'un iPad permettent en effet d'emporter avec soi, lorsqu'on se déplace, un nombre considérable de livres. Il y a aussi l'enrichissement des contenus, la possibilité d'annoter, de poser des signets ou de copier des extraits, sans parler du fait que nous pouvons désormais mixer l'écrit, l'audio et la vidéo.

Dans la chaîne du livre, c'est certainement la vente en ligne qui constitue, à ce stade, l'étape la plus fondamentale de cette révolution. D'autant que ce changement concerne tous les livres – numériques ou « papier » –, de plus en plus de lecteurs utilisant le Net pour trouver, choisir et commander leurs livres. La Toile permet de repérer les ouvrages que nous avons envie de lire et d'acheter, mais aussi de les commenter, de les conseiller à travers des blogs ou des réseaux sociaux. Cette transformation est incontestablement en train de s'imposer dans la relation entre auteurs, éditeurs et lecteurs. Elle touche également la relation entre les libraires et leurs clients, les premiers étant de plus en plus nombreux à prolonger leur travail par des sites qu'ils créent eux-mêmes, qui sont des vitrines et représentent un moyen d'exercer leur charisme de libraires. Les mêmes franchissent parfois le pas suivant, mettent en place des sites de vente et commencent à proposer des bornes de téléchargement dans leurs boutiques. En France, ces pratiques restent néanmoins très circonscrites. Un exemple : pour faire un essai, les éditions Gallimard ont mis en vente sur leur site une version numérique du prix Goncourt de Marie N'Diaye. Tout début janvier 2010, elles en étaient à un millier d'exemplaires numériques vendus contre 400 000 exemplaires « papier ».

PRODUIRE ET VENDRE
DES FICHIERS NUMÉRIQUES :
QUELLES DIFFICULTÉS ?

Il faut par ailleurs préciser que ces livres numériques sont parcourus par des sortes de robots qui en indexent le contenu. Grâce à ces moteurs et autres outils d'exploitation, l'usager peut très facilement trouver sur la Toile le livre désiré puisqu'il suffit alors de taper son titre. Ce système permet en outre de rechercher, à l'intérieur d'un texte indexé, citations, passages pertinents, etc. C'est ce que l'on appelle le « plein texte ». Les moteurs de recherche, dont Google, fournissent des résultats étonnants grâce à ces indexations. Google a ainsi choisi, en 2005, de numériser en masse les livres du monde entier conservés dans les bibliothèques – y compris des œuvres sous droits et, ce, sans autorisation préalable –, raison pour laquelle auteurs et éditeurs américains ont traîné, en 2006, la firme californienne en justice. Aux États-Unis, ce feuilleton juridique a débouché sur un accord provisoire entre Google et les associations d'auteurs et d'éditeurs américains, mais cet *agreement*, cassé en mars 2011 par la justice américaine, restait limité à la sphère anglo-saxonne (États-Unis, Canada, Royaume-Uni, Australie, Nouvelle-Zélande). Des œuvres étrangères ayant fait l'objet d'un enregistrement au bureau américain du copyright étaient en outre incluses dans ce règlement et elles se chiffraient en dizaines de milliers. En France, le procès intenté dans la foulée à Google par les éditions La Martinière, le Syndicat national de l'édition (SNE) et la Société des gens de lettres (SGDL) a donné raison aux plaignants, mais la firme a fait appel.

Le moteur de recherche du portail de la Bibliothèque nationale de France (BNF), Gallica, ainsi que celui de la plate-forme de l'Union européenne, Europeana, sont également fondés, pour la recherche de livres, sur l'indexation des contenus. Les éditeurs y participent volontairement avec l'accord des auteurs et le soutien du Centre national du livre (CNL). Le projet Gallica fut ainsi l'occasion, pour nous, d'une première expérience en matière de fichiers numériques.

Quels sont au juste les problèmes soulevés par la production et la commercialisation de ces fichiers ? Le premier, celui qui nous agite le plus, nous oblige à faire preuve d'inventivité, nous amène à faire des erreurs et à revenir en arrière, est celui du *prix*. Fixer un prix est devenu, pour les éditeurs classiques, une pratique presque instinctive. Nous savons tous quel est le prix du marché, nous le sentons, nous le testons, nous en avons l'expérience. En ce qui concerne le numérique, tout reste à inventer ! Pour l'heure, le prix unique du livre instauré en 1981, qui a sauvé les librairies françaises, s'applique enfin au livre numérique : la loi a été votée à l'Assemblée nationale en février 2011 et doit entrer en vigueur en France à partir de janvier 2012. Si l'on se rend sur des sites américains, en revanche, on achète à des prix formatés : on peut ainsi acquérir un livre de 200 pages ou de 2 000 pages à 9,90 dollars, y compris une nouveauté vendue dans le même temps en librairie à 19,90 dollars. On pourrait se dire que si un livre coûte 19,90 euros en France, c'est forcément qu'un éditeur le vend beaucoup trop cher par rapport à son coût puisque l'Américain peut le proposer à 9,99 dollars. Ce n'est pourtant pas ainsi que les choses se passent, la vente à perte étant autorisée outre-Atlantique. Si un lecteur souhaite acheter Dan Brown en anglais, il l'obtient sur le Net à 9,90 dollars.

Autre difficulté : le *taux de TVA*, longtemps beaucoup plus élevé dans le domaine de l'édition numérique en France (19,6 %) que dans celui de l'édition classique (5,5 %). À l'initiative de la France, du Syndicat national de l'édition (SNE), plusieurs éditeurs européens ont donc signé, en novembre 2009, une pétition pour demander à l'Union européenne de prendre en considération le fait qu'un livre est un livre, qu'il soit en papier ou en numérique. Il nous a semblé qu'il n'était pas logique de faire une telle différence, même s'il est vrai que le numérique élimine un certain nombre de postes comme le coût du papier, du carton ou de la distribution. La façon dont la création sera rémunérée dépendra directement des modèles économiques qui s'imposeront. Là réside précisément tout l'enjeu des négociations entamées par les éditeurs avec leurs auteurs autour des droits d'exploitation numérique – négociations qui portent à la fois sur les principes de la rémunération et sur la durée du contrat. Dans le contexte actuel, qui voit naître une offre numérique légale, il revient aux éditeurs de poser ces bases nouvelles en ne négligeant aucun partenaire, des auteurs aux agents. C'est l'esprit même de la pétition adressée à Bruxelles fin 2009 (ci-dessous).

**Pour le maintien du droit d'auteur :
une TVA réduite à l'échelle européenne**

La lecture de livres au format numérique devient une pratique courante. Brisant les barrières traditionnelles propres à la circulation des biens matériels, elle ouvre pour les œuvres écrites des opportunités de publication plus étendues et durables que par le passé. C'est une chance pour nous tous, auteurs, éditeurs, lecteurs, libraires et prescripteurs, qui n'avons d'autre

---

souhait que de permettre au plus grand nombre l'accès aux œuvres de savoir et d'imagination.

Promouvoir une offre légale et universelle

On peut certes s'interroger sur la valeur d'usage des supports de lecture qui nous sont aujourd'hui proposés et sur l'urgence qu'il y a à se conformer aux pratiques qu'elles induisent. Pour autant, les acteurs de la filière du livre doivent désormais réunir leurs efforts pour composer et promouvoir une offre légale et universelle qui satisfasse le lecteur, garantisse une juste rémunération des créateurs et respecte les maillons fondamentaux de la chaîne de valeur du livre. Les lecteurs sont en droit de nous le demander ; les pouvoirs publics nous y incitent vivement, en même temps qu'ils réfléchissent à des modalités de régulation nationale préservant les conditions de la coexistence des livres imprimés et numériques et des réseaux qui leur sont liés, forts du constat de leur complémentarité naturelle.

Une des clés de l'émergence rapide de cette offre légale est le prix de vente du livre numérique, qu'il convient de rendre attractif en faisant bénéficier le lecteur de l'économie faite sur la dématérialisation du livre papier. Or, aujourd'hui, sauf à vouloir casser le marché par des effets de *dumping* (ce qui conduirait, à terme, à détériorer gravement la diversité éditoriale), le niveau de décote attendu par le lecteur ne peut être proposé par l'éditeur, principalement en raison de la politique européenne d'imposition : la TVA applicable sur le livre numérique reste à ce jour supérieure à celle, réduite, dont bénéficie le livre imprimé. Dans le même temps où les États membres et la Commission européenne incitent les acteurs culturels privés à faire preuve de dynamisme en matière commerciale sur le numérique, il apparaît que la force publique maintient un système discriminatoire entravant de fait le développement d'un marché émergent et extraordinairement bénéfique pour la vitalité et la diversité culturelles. De telles pratiques ne nuisent pas seulement aux éditeurs et aux lecteurs : l'assiette sur laquelle la rémunération proportionnelle des auteurs est calculée est elle-même gravement diminuée. C'est donc à la création que les États s'en prennent directement. Cette attitude paradoxale, incitative dans les discours et limitative dans les faits, est intolérable.

L'œuvre demeure, téléchargée ou non

Quelle anomalie de raisonnement peut justifier un tel grand écart ? C'est au droit fiscal que nous la devons, qui considère que le livre, du moment qu'il est téléchargé ou consulté en ligne, s'apparente *stricto sensu* à une prestation de service fournie par voie électronique et non à un bien de consommation culturelle. Pourtant, le livre numérique ainsi « accédé » ne pourrait faire l'objet d'une même taxation : la nature de l'échange est modifiée non par l'objet même de la transaction (l'œuvre, telle qu'en elle-même) mais par les modalités opératoires de celle-ci (le téléchargement, la consultation en ligne).

Une telle approche n'est pas soutenable au regard de l'intérêt général qui, lui, préconise de favoriser la circulation et l'accès des œuvres de l'esprit. De ce seul point de vue – politique, du reste –, il est absurde de considérer qu'il y a une transmutation de l'œuvre selon qu'elle est téléchargée ou qu'elle est imprimée, voire préchargée, sur une plate-forme de lecture numérique. À maintenir un tel point de vue, on en viendrait à considérer à rebours que la TVA réduite pour le livre imprimé est l'expression du pouvoir régulateur d'une démocratie papetière et non le fait d'une démocratie culturelle. C'est un contresens, assurément. Car l'œuvre demeure, téléchargée ou non : on ne s'en débarrassera pas aussi facilement ! Et c'est bien à la circulation de celle-ci que le mouvement de civilisation doit s'attacher, comme cela a été le cas pour le livre physique. Comme un bien commun, en somme ; non comme une prestation occasionnelle.

Il faut être bien malveillant à l'égard de la création pour feindre de ne pas entendre ce criant contresens ; et il faut être également bien inconscient des enjeux du temps présent pour ne pas mesurer les implications d'un tel entêtement : le développement d'une offre illégale non maîtrisée (piratage généralisé) et le rétrécissement de la diversité culturelle. Mais le politique a ses raisons que le droit fiscal doit reconnaître. C'est notre espoir : il faut passer à un autre ordre de la réflexion. C'est pourquoi, nous appelons aujourd'hui solennellement les États membres à mettre tout en œuvre, et le plus rapidement possible avant qu'il ne soit trop tard, pour adopter une TVA réduite pour le livre numérique téléchargé ou consulté en ligne.

27 novembre 2009

Pétition soutenue et signée par le Syndicat national de l'édition (SNE), le Syndicat de la librairie française (SLF), la Société des gens de lettres (SGDL) et la Fédération des éditeurs européens (FEE).

Le troisième problème vient de la *création hybride*, de ces nouveaux projets éditoriaux qui tirent parti des potentialités offertes par le numérique (adjonction de musique, de vidéos, de « bonus » en tout genre, etc.). Certains commencent, de fait, à voir le jour, posant du même coup la question de l'œuvre, de son unicité et de son intégrité dans la mesure même où des déclinaisons plus ou moins multimédias peuvent désormais être envisagées. Prenons le cas de la bande dessinée : on peut tout faire en numérique, y compris faire trembler l'image si l'histoire raconte un tremblement de terre. Qu'est-ce donc que ce nouvel objet ? La BD telle que je l'ai vue consommée par les Japonais sur leurs téléphones portables est tout à fait respectueuse du dessin de l'auteur, mais elle vibre, elle fait « bam », elle palpite… Est-ce encore du livre ? La question se pose.

De multiples variantes sont en effet concevables : un roman peut ainsi être vendu sous une version numérique plus ou moins diversifiée, être entrecoupé d'images et de sons ou encore inclure une interactivité dans le cas d'une version lisible sur un ordinateur *via* un site Internet. On pourra aussi avoir un fichier spécialement destiné aux iPhone, un format en simple hypertexte pour les liseuses électroniques et un format papier classique. Sur le plan commercial, toutes sortes de dispositifs sont imaginables : l'ensemble pourra être vendu ou délivré par abonnement, il sera possible de demander les *Mémoires* de Saint-Simon de telle année et pas de telle autre, d'acquérir toutes ces versions d'un seul bloc pour un forfait intéressant ou au choix, de demander tel roman par morceaux ou par chapitres, voire en feuilleton, comme cela se développe déjà au Japon avec les *Keitai shousetsu* ou « romans pour mobiles ». Après tout, le numérique va peut-être déboucher sur la renaissance du feuilleton littéraire ! On pourra aussi – pourquoi pas ? – louer des textes comme on loue des DVD.

PROPOSER ENSEMBLE
UNE OFFRE LÉGALE : UN IMPÉRATIF

Au vu de ces différents problèmes, il me semble que les éditeurs auraient tout intérêt à avancer en créant une *offre légale*. Hors offre légale, en effet, ne reste plus que le piratage, la dilapidation de nos talents et l'absence de protection pour les auteurs. Il s'agirait donc de poser les conditions susceptibles de faire vivre cette nouvelle chaîne du livre en tenant compte des dernières tendances et des risques de dérive : déréglementation des prix, entrée en jeu inévitable de nouveaux prestataires qui ne servent pas l'édition, mais cherchent à dégager une plus-value en rallongeant la chaîne et en la complexifiant. De fait, nous sommes ainsi confrontés à toutes sortes d'opérateurs en quête de ressources croissantes pour continuer à vendre leurs matériels et leurs services. Plus largement, le numérique expose nos modèles à de nouvelles contraintes tout en redessinant à grande échelle le paysage des forces en présence, dont certains acteurs désormais incontournables, issus des nouvelles technologies et dotés de modèles totalement intégrés comme, Amazon, Google et Apple.

Dans ce contexte, les éditeurs ont commencé à mutualiser leurs efforts afin de créer les conditions d'émergence d'un marché. Ils se mettent à partager certains moyens de distribution et de diffusion, à rechercher des formats standard et des outils interopérables, sans parler de la protection des œuvres contre le piratage.

Il est enfin dans notre intérêt que le lecteur puisse accéder de la façon la plus naturelle et la plus intuitive à ces nouvelles expériences de lecture. Aussi l'acte d'achat doit-il être facilité et simplifié par les éditeurs eux-mêmes. Or nous avons besoin, pour ce faire, de technologies parvenues à maturité. De notre point de vue, le numérique représente un chantier fantastique et en développement, qui promet de s'amplifier dans les mois à venir. La révolution numérique constitue donc un incroyable défi pour les éditeurs comme pour l'ensemble de la chaîne du livre, y compris les libraires. Si elle n'est pas sans risque, je suis encore une fois convaincue qu'il faut y voir une formidable opportunité pour la création et l'accès simplifié à la culture. On peut même se demander si le vieux rêve de la culture pour tous n'est pas en train de se réaliser. N'est-il pas stimulant de pouvoir se dire qu'un intellectuel vivant au Gabon, au fin fond de l'Amérique latine ou de l'Asie, peut aujourd'hui accéder à tous les livres ? Participer à cette révolution universelle est un défi et il nous faut y parvenir sans abdiquer ce qui fait la spécificité du métier d'éditeur : opérer une sélection, accompagner l'auteur dans sa création et veiller à ce que les œuvres publiées accèdent à leur plus haut degré d'achèvement.

Seule une réglementation
sauvera les éditeurs

Bernard Fixot

Force est de constater que toutes sortes de fantasmes entourent aujourd'hui l'apparition du livre numérique, comme toujours, d'ailleurs, face à l'inconnu. Si cette révolution ouvre, pour l'édition, des perspectives presque illimitées, comme Teresa Cremisi a eu raison de le souligner, les effets de ces innovations sur le marché du livre restent pour l'heure limités. Il importe en effet de mesurer à quel point le monde de l'édition est fait de métiers très différents selon qu'on est éditeur de littérature générale (romans, essais, documents), éditeur d'art ou éditeur scientifique. Dans ce dernier secteur, où priment les données et leur sélection, on voit bien le progrès qu'apporte la numérisation, l'indexation et la mise en réseau de l'information. Souvenez-vous du *Quid* : vous preniez la Zambie, il était écrit « voir pages 18, 27, 356, 1024, 1032 » et vous commenciez à chercher les articles. Si l'on tape aujourd'hui le mot « Zambie » sur Wikipédia, on obtient d'emblée toutes sortes de sources et d'études que le moteur de recherche collecte et auxquelles il vous renvoie. Mais ces traitements ne suffisent pas à répondre aux attentes de celui qui s'intéresse, par exemple, à *L'Étranger* de Camus. Je limiterai donc mon propos à ce qui peut, selon moi, se produire dans le domaine de la littérature générale, qui est aussi celui que je connais le mieux.

L'ÉDITEUR, OTAGE DE LA GUERRE DES PRIX ENTRE AMAZON, GOOGLE ET APPLE ?

Premier constat : nous sommes résolument entrés dans la mondialisation et celle-ci est avant tout synonyme de guerre économique. Or Google, Amazon et Apple sont aujourd'hui entrés dans une concurrence sans merci sur le marché de l'édition numérique. La question centrale est par conséquent la suivante : qui va gagner la partie et prendre la majorité ou la totalité des parts de marché ? Dans le numérique, certains acteurs n'ayant au départ rien à voir avec le livre, dont ces trois grands groupes américains, y sont désormais leaders. Ils s'y sont mis avant nous et ont déjà fait leurs armes avec la musique et le cinéma.

Face à cela, quel est le rôle d'un éditeur ? Il consiste à protéger ses auteurs sans qui, au demeurant, nous disparaîtrions aussi ! En quoi consiste la relation entre un éditeur et un auteur ? L'auteur est un créateur et l'éditeur, lui, a pour fonction de fabriquer des objets à partir de sa création et de vendre le maximum d'exemplaires de l'œuvre que lui a confiée l'auteur : c'est son devoir absolu ! L'arrivée du numérique bouleverse cette relation. D'où la nécessité de concevoir des solutions simples qui lui permettront de perdurer afin que l'éditeur puisse continuer à protéger les intérêts de l'auteur de façon à ce que celui-ci puisse continuer à écrire dans les meilleures conditions. D'aucuns vous expliqueront qu'avec le numérique les auteurs n'auront bientôt plus besoin de personne, certains ayant même commencé à s'autoéditer. La vérité, plus complexe, est que ces deux métiers sont étroitement complémentaires.

Comment fonctionne le marché du livre en France ? Vous connaissez tous la loi Lang du 10 août 1981, qui a permis l'instauration du prix unique du livre, limitant ainsi la concurrence sur le prix de vente au public afin de protéger la filière. Le prix unique n'est pas une spécificité française puisque certains de nos voisins européens ont – ou ont eu – un système équivalent (Allemagne, Autriche, Belgique, Danemark, Espagne, Finlande, Grèce, Irlande, Italie, Luxembourg, Norvège, Pays-Bas, Portugal, Royaume-Uni, Suède, Suisse). Je voudrais néanmoins rappeler dans quel contexte la loi Lang a été conçue. Nous étions dans un moment où les grands acteurs de la distribution utilisaient le livre pour attirer des clients en pratiquant des réductions de 25 ou 30 %. Si vous vouliez une encyclopédie valant à l'époque 3 000 francs, il vous suffisait de vous précipiter à la Fnac ou dans un grand magasin pour obtenir 30 % de remise, de sorte que la mort des libraires, à qui vous ne réserviez plus que vos achats de livres de poche, devenait absolument certaine. Conscient de ces enjeux, Jack Lang, alors ministre de la Culture, a décidé qu'il fallait limiter le discount. D'où la décision d'imposer un prix unique du livre, chacun pouvant continuer à en vendre, mais au même prix. Pour être tout à fait précis, le vendeur est aujourd'hui autorisé à proposer une réduction qui ne peut excéder 5 %.

Cette loi a eu l'effet escompté – elle a protégé les libraires –, mais rien de tel n'existe encore à l'échelle européenne dans le monde des fichiers numériques où la question de la définition du « livre numérique » donne lieu à des discussions extrêmement complexes. Les spécialistes ne sont pas d'accord entre eux et l'on n'en sort pas. Je crois donc qu'il faut s'en tenir à des considérations extrêmement pratiques, voire terre à terre.

LE SCÉNARIO LE PLUS PLAUSIBLE
SI NOUS NE RÉAGISSONS PAS

Que peut-il concrètement se passer ? Tout d'abord, il se pourrait que nous assistions à une bataille rangée entre les trois grands leaders du livre dans l'univers numérique, à savoir Amazon, Apple et Google. Elle a d'ailleurs commencé. Prenons le cas d'Amazon. Celui-ci vend énormément de livres imprimés aux États-Unis parce que les prix n'y sont pas protégés. Quand le dernier *Harry Potter* sort, il lui suffit, pour s'imposer comme le plus grand vendeur de livres papier sur Internet, de garantir à l'éditeur un gros volume d'achats puis de les écouler avec 50 % de réduction. Acheter *Harry Potter* sur Amazon plutôt que chez un libraire revient ainsi à l'acquérir à moitié prix. S'agissant du livre numérique, on a déjà vu certains grands opérateurs de la vente en ligne proposer des prix de vente à 10 % de la valeur du livre imprimé ! Si Amazon, Google ou Apple ne gagnent rien sur ces ventes, ils se rattrapent avec leur liseuse. La clé du marché, pour Amazon, c'est la tablette électronique dédiée à la lecture, celle-ci étant directement liée à sa boutique en ligne, au point qu'on parle désormais, aux États-Unis, de « livres Kindle ». Leur logique économique part du principe suivant : « Nous allons prendre le marché et nous avons le moyen de le faire. »

Si les éditeurs français ne s'entendent pas sur une position européenne commune concernant le prix, le risque est grand de voir Google et Amazon – de surcroît concurrents – multiplier les accords séparés avec diverses maisons sur la question du prix. Dans un premier temps, ils prétendront procéder à des remises raisonnables, après quoi ils les augmenteront inévitablement. Le contrat de départ ne sera pas respecté ? La belle affaire : il arrive toujours un moment où l'on peut avancer que le contrat ne tient plus, la situation ayant changé. C'est un des scénarios possibles.

LA NÉCESSAIRE PROTECTION
DES ÉDITEURS

Pour protéger les éditeurs, il faut s'inspirer (ce qui est désormais chose faite) de la loi Lang sur le prix unique et surtout fixer une limite au prix de l'édition numérique du livre par rapport à son édition imprimée de telle manière que la version numérique ne puisse être vendue à moins de 50 % du prix de l'édition papier en grand format, ce que j'appellerai un « prix plancher ». Ainsi, un ouvrage vendu à 20 euros en librairie pourrait être acheté en ligne à 10 euros sous un format numérique, mais pas moins, de telle manière que le prix de l'édition de poche reste, par ailleurs, inférieur au prix de l'édition numérique.

D'autre part, il importe que l'écart de prix entre le livre imprimé et le livre numérique soit significatif, sans l'être trop. Quels sont aujourd'hui les coûts du livre papier ? Si l'on reprend notre livre de 20 euros, 38 % des 20 euros vont au libraire, 4 % aux commerciaux, 10 % aux paquets et aux factures, 10 % à la fabrication du livre, 12 % à l'auteur, 6 % à la promotion et publicité, 15 % au fonctionnement de la maison d'édition, ce qui laisse environ 5 % à l'éditeur. L'économie du livre numérique n'est pas la même. Si l'on supprime les dépenses liées à la fabrication et à la distribution classiques, c'est-à-dire une part importante des coûts, il paraît normal que le fichier numérique de *L'Étranger* de Camus soit vendu 30 ou 40 % moins cher que sa version imprimée en grand format. Si un livre numérique se révèle un succès, et si nous ne proposons pas nous-mêmes cette réduction de 40 %, nous ouvrons la porte au piratage et nous serons pillés. Le phénomène s'est déjà produit avec la musique.

Faute de pouvoir maîtriser leur prix de vente, les éditeurs laisseraient Amazon et Google, en compétition permanente l'un avec l'autre, proposer à leurs clients des livres numériques à seulement 20 % de la valeur de leurs versions papier, tout en s'engageant à acheter leurs exemplaires à l'éditeur à un prix convenu pendant deux ou trois ans. Ce dispositif aurait pour conséquence inéluctable de casser les prix, avec des effets désastreux car irréversibles. Quand un lecteur peut acheter un ouvrage à un certain prix, il comprend forcément mal qu'on lui propose ailleurs un ouvrage du même type au double. Bref, nul besoin d'être grand clerc pour percevoir le danger. D'autant qu'en arrière-plan, Amazon, Google et Apple se sont encore une fois engagés dans une guerre terrible.

QUE FAIRE ?
UNE SEULE PLATE-FORME FRANÇAISE

Que faire ? Commençons d'emblée par écarter la mauvaise idée, qui représente néanmoins un scénario possible, et qui consisterait à ce que chaque éditeur monte sa propre plate-forme. Créer une plate-forme Hachette, une plate-forme Flammarion, une plate-forme Gallimard, une plate-forme Éditis et ainsi de suite, serait la pire des solutions et le meilleur moyen d'inciter la foule des internautes à se rendre directement sur Google plutôt que de se perdre dans la complication d'avoir à rechercher un livre sur une multitude de sites français différents. Entre la facilité de commander chez Google et la difficulté de trouver le bon éditeur – qu'il faut déjà connaître ! – pour ensuite se rendre sur sa plate-forme et demander son livre, la majorité des lecteurs n'hésiteront pas.

Une chose est donc absolument certaine : il faut une seule plate-forme française ! Une des options serait de reproduire le modèle qui a présidé, après la guerre, à la création des NMPP, les Nouvelles Messageries de la presse parisienne, qui avaient vocation à distribuer la totalité des journaux dans la totalité des points de vente afin qu'ils y soient tous également exposés. Or il s'agissait d'une coopérative d'éditeurs. Face au numérique, les éditeurs français seraient donc bien inspirés de présenter un front uni et de recréer une coopérative du même type, dotée d'une seule plate-forme commerciale commune, où l'on viendra simplement acheter un livre. L'internaute tapera le titre, la plate-forme lui indiquera le prix du fichier numérique et, pour l'acheter, le lecteur cliquera sur « Ajouter à mon panier ».

Par comparaison avec Google Livres, Amazon ou iBookstore d'Apple, cette plate-forme française commune à tous les éditeurs pourrait proposer une offre exhaustive dans le domaine de la littérature francophone disponible sur le marché. Et si le lecteur potentiel veut davantage de renseignements de qualité, il cliquera sur « en savoir plus » et se verra renvoyé, cette fois, sur le site propre de l'éditeur. Là, on pourra lui proposer les meilleures interviews de l'auteur, des morceaux choisis de l'œuvre, une sélection de critiques, etc. Les éditeurs français ne devraient pas céder leurs fichiers numériques à Amazon ou Google. Ce projet d'une plate-forme coopérative commune entre éditeurs me paraît constituer la meilleure solution : la façon la plus efficace d'accroître notre visibilité sur la Toile tout en se donnant les moyens de résister à l'emprise de Google, Apple ou Amazon.

La plate-forme unique : où en est-on ?

Où en est, au juste, l'édition française à cet égard ?

Les éditeurs en parlent depuis cinq ans. Quant aux rapports officiels qui se succèdent depuis un an, tous sans exception émettent des recommandations portant sur la création d'une plate-forme unique du livre. On peut toutefois se demander s'ils recouvrent la même notion. Pour la mission Création et Internet, la plate-forme centralisée, hébergeant des fichiers sous un format standard unique, aurait vocation à rassembler partenaires publics et privés pour mettre l'offre à disposition auprès des libraires. Marc Tessier, quant à lui, recommande de rassembler sur une même plate-forme éditeurs et bibliothèques publiques. Dans une étude d'octobre 2009, l'Observatoire du livre et de l'écrit en Île-de-France préconise plutôt la création de deux plates-formes en ligne, l'Atelier collectif et la Place des métiers. Le principe : mettre en relation éditeurs, libraires, bibliothécaires, artistes et auteurs par des mutualisations en réseaux et grâce à l'interopérabilité des systèmes informatiques selon des formats ouverts et non propriétaires. Le rapport remis par Christine Albanel en avril 2010 recommande, pour sa part, la mise en place d'un groupement d'intérêt économique Gallica dont la mission consisterait à gérer un portail reflétant la production éditoriale française numérisée, tant dans sa composante patrimoniale que pour les livres sous droits.

Ce rapport suggère aussi la création d'une seule plate-forme interprofessionnelle. Pour Christine Albanel, ses avantages seraient nombreux. L'ex-ministre de la Culture présente cette future plate-forme dans les termes suivants :

« Elle permettrait l'essor de la distribution d'ouvrages en donnant un interlocuteur centralisé à tous les libraires en ligne. Elle serait mieux armée pour imposer certaines vues aux acteurs internationaux, notamment en ce qui concerne la mise à disposition des fichiers. Elle pourrait plus facilement faire évoluer le marché vers des standards unifiés. Elle permettrait enfin aux éditeurs et titulaires de droits de taille modeste de confier leurs fichiers à un acteur bien identifié, sans barrière à l'entrée.

L'idée d'une plate-forme unique s'est aussi nourrie de la volonté de simplifier le paysage pour l'utilisateur. En effet, le risque existe qu'avec plusieurs plates-formes, la recherche d'un ouvrage numérique soit complexe. Dans l'hypothèse la plus défavorable, le lecteur, pour se procurer un livre dans ce format, devrait au préalable en connaître l'éditeur. Quant aux libraires numériques, quelle que soit leur taille, ils seraient contraints de construire des agrégateurs (voir notre glossaire à la fin de ce volume) leur permettant de chercher les références sur chacune des plates-formes.

Les éditeurs n'ont pas, à ce stade, réussi à se fédérer sous une seule et même bannière. Dans la situation actuelle, les standards et les démarches de marché opposent encore les différentes plates-formes, même si des recompositions sont en cours qui pourraient conduire à limiter leur nombre à deux sites principaux. Cette situation laisse les acteurs de taille plus modeste dans une expectative qui diffère d'autant leur volonté de se lancer dans la distribution numérique.

Toutefois, cette difficulté pourrait être partiellement contournée, si les différentes plates-formes partageaient des protocoles de distribution cohérents et ouverts, ainsi qu'une partie des bases de données de distribution. »

Le rapport Albanel poursuit : « Les éditeurs pourraient s'engager dans la normalisation des métadonnées d'exploitation (titre, auteur, éditeur, prix, disponibilité) de l'ensemble des livres numériques publiés, quel que soit l'entrepôt numérique d'éditeur qui en assure la diffusion. Actuellement, en effet, ces divers éléments, qui déterminent les conditions de repérage des ouvrages par les libraires et de mise à disposition au profit du lecteur final, diffèrent d'une plate-forme à l'autre. Si tous les éditeurs ne sont pas prêts à s'engager sur un "hub" unique chargé d'assurer l'exploitation de l'ensemble des ouvrages, peut-être pourraient-ils mettre en partage toutes les données relatives aux ouvrages numériques publiés. Ainsi, les "fiches signalétiques" des livres seraient mises à disposition de tous les acteurs de la chaîne de distribution, sans qu'il soit besoin, pour disposer de ces informations, de développer des interfaces spécifiques pour chacune des plates-formes. En d'autres termes, la normalisation des métadonnées de distribution permettrait de créer, de fait, un catalogue général du livre numérique français, rendant plus facile et plus lisible le fonctionnement de l'ensemble de la chaîne du livre numérique. »

En Espagne, une plate-forme en ligne, lancée en juin 2010 et baptisée Libranda, permet déjà de commercialiser conjointement l'ensemble des livres numérisés. Libranda est la plus vaste du genre à proposer des ouvrages en espagnol (5 000 titres à la vente au départ) et dans le pays, les leaders du secteur – Santillana (groupe Prisa), Planeta et Random House – disent vouloir s'y réunir.

A. L.-L.

Discussion

Teresa Cremisi – Je suis moi aussi convaincue que les éditeurs français ne devraient pas confier leurs fichiers numériques à Amazon. Dans cette hypothèse, il ne reste plus qu'une seule solution : mettre sur pied une plate-forme interprofessionnelle, ce qui ne devrait pas être insurmontable pour autant que nous maîtrisions notre politique commerciale.

Bernard Fixot – Google et Amazon pourront certes acheter des exemplaires sur notre plate-forme pour les vendre ensuite sur la leur, mais dans les conditions commerciales fixées par l'éditeur. On peut donc supposer que ces contraintes seront assez dissuasives…

Teresa Cremisi – Le vrai problème est à mon avis de maîtriser notre politique commerciale, de rester des éditeurs commerciaux. Si un classique comporte dix éditions différentes, il est légitime que l'édition la plus fouillée, la mieux faite et la plus complète, autrement dit celle qui a aussi coûté le plus cher, se vende à sept euros contre cinq pour l'édition plus sommaire.

UNE LOI FIXANT UN PRIX « PLANCHER », UNE PLATE-FORME COMMUNE ET UNE TVA RÉDUITE

Bernard Fixot – J'observe que l'on en revient toujours à des fondamentaux assez simples. Pour résumer, je dirai que trois exigences primordiales doivent être mises en avant par les éditeurs. Si nous y parvenons, nous serons à peu près tranquilles. Tout d'abord, une législation sur le prix de vente du livre numérique (avec un prix « plancher »), ensuite la constitution d'une plate-forme commune, enfin la baisse de la TVA. Jusqu'en février 2011, celle-ci était nettement plus élevée pour le livre numérique que pour le livre imprimé. La loi votée à l'Assemblée nationale, en vigueur dès 2012, l'a ramenée à 5,5 %. Certains nous disaient que diminuer le taux de TVA sur le livre numérique de 19,6 à 5,5 % serait utopique car il faudrait obtenir l'autorisation de l'Europe. L'Espagne est passée outre, elle a fixé la TVA à 4 %, cela s'appelle l'« exception culturelle » et cela a toujours existé. Lorsque la France a voté en 1981 la loi Lang sur le prix unique du livre, Bruxelles était en total désaccord. Aujourd'hui, la plupart des grands pays européens ont adopté des dispositifs analogues, à l'exception de l'Angleterre qui a préféré calquer le modèle américain et qui, aujourd'hui, le regrette. D'où une chaîne du livre sinistrée : ce qui est arrivé aux Anglais est à cet égard dramatique ! Le problème de la TVA n'apparaît donc pas excessivement compliqué à résoudre.

Deuxième exigence fondamentale : obtenir une *loi fixant un prix « plancher »* prévoyant que le livre numérique ne puisse être vendu à moins de 50 % de son édition imprimée. De cette façon, on maintiendra la valeur des contenus et on sera en mesure de contrer les initiatives de vente à perte dans le cadre d'une politique de conquête de parts de marché entre des géants tels Amazon, Apple et Google.

Teresa Cremisi – Vous envisagez de limiter le discount à 50 %. Dans leurs discussions, de nombreux éditeurs tablent sur une hypothèse plus optimiste et imaginent pouvoir contenir le rabais dans une fourchette de 35 à 45 %...

Bernard Fixot – J'avance le chiffre de 50 %, mais il est en effet possible que la « décote » n'excède pas 35 %. Je me situais dans la perspective d'éditeurs qui souhaiteraient tenter certaines opérations commerciales, afin qu'ils soient autorisés à vendre leurs fichiers numériques deux fois moins cher que leurs cousins papier. Pour en revenir à la TVA en Europe, il conviendrait d'abord de régler la question des livres numériques dits homothétiques, c'est-à-dire ceux qui sont la simple reproduction des versions papier, en les alignant logiquement sur le taux de 5,5 %. Pour les livres qui incorporent des ajouts – ces fameuses « méta-données » – (par exemple pour *L'Étranger* de Camus, la possibilité de voir des extraits du film de Visconti), un taux de TVA plus élevé peut se justifier. C'est au demeu-rant déjà le cas pour certains livres vendus avec des CD et pour lesquels on applique une TVA mixte.

Teresa Cremisi – Dans un monde numérique nouveau, incertain et un peu insensé, cette affaire de TVA me paraît à moi aussi extrêmement importante car elle détermine notre capacité à proposer une offre légale, aptitude qui nous place précisément dans l'ordre de la légalité.

Bernard Fixot – Il me semble que si nous créons une plate-forme française collégiale et unique, nous serons à peu près sauvés. Cette exigence est plutôt en bonne voie et semble désormais acceptée par l'ensemble des éditeurs, même si quelques difficultés subsistent. Le groupe Hachette a ainsi racheté, il y a deux ans, la plate-forme Numilog en s'associant avec la Fnac.

Teresa Cremisi – Le groupe Gallimard, Le Seuil, le groupe Flammarion et l'ensemble des éditeurs qu'ils diffusent n'émettent pas d'objection à cette initiative, le groupe Hachette totalisant 22 % des parts de marché dans l'édition française. En outre, Hachette accepte de partager Numilog avec d'autres éditeurs – et certains seraient d'accord –, mais le groupe demande simplement à rester majoritaire.

Bernard Fixot – C'est une vieille habitude : le groupe Hachette veut toujours la majorité. Ils l'ont obtenue avec les NMPP. Pour le livre numérique, nous ne sommes pas obligés de la leur accorder. Ce serait même une lourde erreur. Se pose aussi le problème des revendeurs, des prestataires de service qui se grefferont sur la nouvelle chaîne du livre numérique. Dès lors que les éditeurs vendront leurs livres à travers une plate-forme unique, il faudra considérer la Fnac et les autres libraires comme des revendeurs de fichiers numériques touchant, au passage, une commission, ce qui est normal.

À partir du moment où nous disposerons d'une plate-forme unique et d'une loi sur le prix « plancher », on nous objectera certainement qu'un prestataire établi en Patagonie pourrait revendre nos fichiers numériques ! Je crois néanmoins qu'on commence partout à comprendre que nous sommes entrés dans la mondialisation et que l'économie gratuite n'existe pas. Rupert Murdoch, l'un des géants de la presse anglo-saxonne, nous prédit qu'il faudra bientôt payer pour lire son journal en ligne. Je suis convaincu que dans les dix ou quinze ans à venir, l'Organisation mondiale du commerce (OMC) en viendra à imposer une régulation sur la vente en ligne. Il ne sera plus possible de faire n'importe quoi. Et il n'y a pas de raison pour que l'Inde ou la Chine ne s'y soumettent pas, la vente d'ouvrages en ligne leur ouvrant des perspectives commerciales immenses. Les risques de piratage ne me semblent pas vraiment considérables. Comme le faisait remarquer Teresa Cremisi, on comprend que les internautes piratent dans le monde entier une chanson de Madonna, mais pirater un livre ? Nous pouvons espérer que le piratage des livres intéressera moins de monde.

SE GARDER D'UN DISCOURS
DÉFENSIF TYPE « LIGNE MAGINOT »

S'il ne faut évidemment pas tomber dans un discours type « ligne Maginot », il faut quand même bien reconnaître que la loi Lang sur le prix unique du livre s'est révélée très efficace dans ses effets. De même, le cinéma français existe grâce à l'aide massive du Centre national de la cinématographie (CNC). En un mot, je suis plutôt optimiste et je ne pense pas que le livre numérique vienne bouleverser à très court terme le marché européen. Récemment, Marc Lévy a annoncé la mise en ligne de son livre sous un format numérique. L'opération, sur le plan des ventes, a été un échec. Qui a vraiment envie de lire un livre de 450 pages sur son iPhone ou sur son ordinateur ? Certaines personnes viennent me voir et me disent : « Mon vieux, tu es foutu car j'ai vu la tablette électronique machin et c'est génial ! Pour lire, ça va être formidable et, en plus, je pourrai emmener 500 livres en vacances. » Je leur demande : « Avez-vous l'habitude d'acheter des livres ? » Ils me répondent que non, mais que, désormais, ils ont bien l'intention d'en acquérir sous un format numérique. Ce qui est bien sûr totalement illusoire... L'arrivée du livre numérique suscitera-t-elle de nouveaux lecteurs ? Je n'en suis pas si sûr. Je veux bien qu'on puisse télécharger 3 500 livres sur une tablette type Kindle, mais je vous rappelle qu'un lecteur qui lit vingt livres par an est déjà considéré comme un grand lecteur. S'il lit pendant soixante-dix ans, il aura lu 1 400 livres. Que va-t-il donc faire de ces 3 500 fichiers ? Je pense que nous avons surtout un effet de mode à chaque nouvelle sortie de tablette électronique dernier cri.

Teresa Cremisi – Bernard, nous sommes malgré tout à la veille d'une révolution dans les habitudes de lecture ! Sans compter les achats d'impulsion consécutifs à une prestation télévisée particulièrement brillante ou réussie, par exemple.

Bernard Fixot – Il ne faut pas perdre de vue que seuls 5 livres imprimés sur 100 sont achetés en France sur Internet, sur le site de la Fnac ou sur Amazon, le rabais en ligne, dans l'Hexagone et pour les livres papier, tombant sous le coup de la loi Lang.

Teresa Cremisi – Quand Amazon et la Fnac ont commencé à vendre des livres papier dans leur boutique en ligne, les éditeurs ont craint que leurs fonds en pâtissent. Or c'est l'inverse qui s'est produit : Amazon a fait revivre nos fonds puisque c'est sur cette plate-forme que l'on va chercher des livres papier épuisés ou déjà introuvables chez les libraires parce que publiés il y a dix ou vingt ans.

Bernard Fixot – Soit, mais cela ne représente jamais qu'une proportion encore infime. Prenons le cas de Guillaume Musso puisqu'il est mon auteur. Si vous descendez chez votre libraire, vous le trouverez immédiatement. En revanche, si vous avez besoin d'un livre sur l'élevage du chiot setter de 3 à 6 mois, il vous faudra aller le chercher très loin : vous irez donc le commander sur Amazon et nulle part ailleurs, pas un libraire, pas même la Fnac, ne l'ayant dans ses rayonnages.

NI PANIQUER NI SE PRESSER : NOUS DISPOSONS D'UNE ANNÉE POUR FIXER DES RÈGLES

Encore une fois, il ne faut ni se presser ni paniquer : nous devons prendre le temps de fixer des règles. Seule l'instauration de règles nous sauvera et, pour ce faire, nous disposons globalement d'une année. Au vu du bras de fer médiatico-juridique qui, aux États-Unis, a opposé la société Google aux auteurs et aux éditeurs, les éditeurs français ont compris qu'il serait extrêmement dangereux de s'en remettre à la bonne volonté des leaders américains. Rappelons qu'un écrivain est un créateur, qu'il est donc, à ce titre et dans le meilleur sens du terme, un peu fou et égocentrique. Quant à nous autres éditeurs, nous avons souvent tendance à nous persuader que nous sommes plus malins les uns que les autres. Or, face à un ennemi de la taille de Google ou Amazon, la donne change et nous avons tous compris que nous risquons à terme d'être balayés à moins de coordonner nos efforts.

Nombreux sont ceux qui estimaient qu'il ne fallait surtout pas toucher à la loi Lang sur le prix unique du livre car, si on commençait à l'amender, trop d'acteurs risqueraient de se mettre sur les rangs pour la dépecer. Il se trouve que j'ai eu l'occasion d'en parler avec Jack Lang en 2010. Je lui ai suggéré qu'il suffirait d'introduire un simple *addendum* à la loi, démarche légitime puisqu'au moment de sa conception, en 1981, le livre numérique n'existait pas. On pourrait dès lors s'inspirer, en matière de livre électronique, de la règle qui prévaut pour les clubs du livre. Si vous achetez un ouvrage par France Loisirs, il vous coûtera 20 % moins cher que chez votre libraire. Il s'agit du rabais maximum autorisé, à condition que le livre soit distribué par France Loisirs neuf mois après sa sortie officielle.

Un membre du Conseil d'analyse de la société – À propos de la numérisation du patrimoine écrit, qui ne concerne donc pas les nouveautés éditoriales protégées par le droit d'auteur, pourriez-vous nous éclairer sur l'utilité des 750 millions d'euros dégagés par le grand emprunt pour numériser ces fonds ? S'agit-il, selon vous, d'une initiative heureuse ? Cet aspect de la problématique ne semble entrer nulle part dans vos recommandations.

Bernard Fixot – Cette somme ne me semble pas vouée à empêcher Google de poursuivre la numérisation des œuvres tombées dans le domaine public, dont ils mettent ensuite les fichiers en accès libre sur le Net. Pour l'heure, l'accès est également gratuit, mais demain, à l'horizon des trois ou des dix prochaines années, la firme américaine expliquera qu'elle doit faire face à toutes sortes de frais techniques et se mettra à vendre les fichiers à un prix fixé par elle. On peut comprendre que de nombreux pays ne souhaitent pas voir leur patrimoine culturel distribué par un seul opérateur, dans un seul gigantesque tuyau contrôlé par un seul acteur privé.

Le Conseil d'analyse de la société – Comment voyez-vous l'avenir des libraires ? Ne devront-ils pas tout simplement changer de métier ?

Bernard Fixot – Les libraires continueront à vendre des livres imprimés et toucheront une commission sur les fichiers numériques, laquelle sera toutefois inférieure à leur marge sur les livres papier, qui s'élève à 38 %. L'arrivée du numérique ne signifie ni la mort du livre ni celle du libraire : il devra simplement diversifier son activité.

Luc Ferry – Il me semble qu'une sorte de contradiction traverse vos propos respectifs. Il y a, au fond, deux logiques. D'un côté, vous entendez rester des éditeurs soucieux de protéger la création, le métier, l'artisanat, l'auteur. On ne peut que s'en réjouir, si ce n'est que vous vous placez dans une logique d'invention et de création, et non dans une logique économique. D'un autre côté, nous sommes face à des acteurs qui réagissent en termes de puissance et non en termes de création, si bien que nous avons là deux plaques tectoniques qui risquent d'entrer en collision l'une dans l'autre. Quand la Chine ou d'autres superpuissances émergentes s'intéresseront de près au patrimoine culturel numérique, comment comptez-vous riposter ? D'une manière générale, comment espérez-vous pouvoir vous protéger en tant que créateurs face à des acteurs extrêmement puissants qui pourraient vouloir tout avaler et tout engloutir – la création, l'éditeur, l'auteur et le reste des acteurs de la chaîne du livre.

Bernard Fixot – Les éditeurs sont aussi des commerçants ! Comme le souligne Teresa Cremisi, nous sommes les enfants légitimes de la culture et du commerce. Ensuite, je remarque que les auteurs français, hormis quelques rares exceptions, ne sont pas très courtisés sur le plan international.

Teresa Cremisi – Contrairement à ce qu'on aurait pu penser, le respect du copyright, loin de régresser, est en progression. Nous qui étions habitués à ce que les droits d'auteur ne soient pas toujours respectés à l'étranger, notamment en Europe de l'Est ou en Chine, justement, nous avons l'heureuse surprise d'observer qu'ils le sont de plus en plus.

Le Conseil d'analyse de la société – En ce qui concerne le projet d'une plate-forme coopérative pour l'édition française, il existe justement des parallèles tolérés en Europe dans d'autres secteurs, comme celui de l'énergie et des transports. Le secteur ferroviaire pratique notamment une dissociation entre le transport d'une part, et la fourniture du bien fini de l'autre. Les transports sont toujours le fait d'un opérateur unique, mais la gestion des cargaisons délivrées se partage entre plusieurs opérateurs. *A priori*, l'idée d'instaurer en France une plate-forme commune entre éditeurs – plate-forme qu'utiliseraient différents fournisseurs en ligne de fichiers numériques (libraires, etc.) – ne me paraît donc pas contraire au droit communautaire européen.

Le Conseil d'analyse de la société – Teresa Cremisi nous a parlé du Japon où, pour l'essentiel, la lecture numérique se fait sur téléphone portable et où les mangas comportent parfois des images qui bougent ou du son pour figurer un tremblement de terre ou un orage. Dans vos exposés, vous tendez pourtant à faire comme si les livres numériques que nous allons télécharger allaient se contenter d'être, à peu de chose près, de simples répliques du livre papier que nous connaissons aujourd'hui. « Qui aurait envie de lire un roman de 450 pages sur une tablette électronique ? », dites-vous. Mais si vous avez le choix entre une version classique du livre et une version lue par son auteur ou qui inclurait un diaporama dont les images appropriées passeraient sous nos yeux au bon moment, il n'est pas exclu que de nombreux lecteurs optent pour ces variantes numériques, plus ludiques et plus riches en contenus. Il me semble en tout cas qu'il conviendrait d'en tenir compte dans la réflexion prospective. Il ne faudrait pas sous-estimer l'ingéniosité et le talent de ceux qui mettront en ligne ces formats afin d'attirer de jeunes lecteurs habitués à avoir le multimédia à leur disposition. Ne risquent-ils pas d'accaparer le marché ?

Bernard Fixot – Nous ne sommes absolument pas hostiles à ce genre d'enrichissement multimédia des contenus, mais il faut tout de même écarter certains fantasmes : le roman lu par son auteur existe déjà sur CD, cela s'appelle un livre audio et toutes les librairies en vendent sans grand succès. Par ailleurs, les éditeurs sont assez intelligents pour créer eux-mêmes des diaporamas ou ajouter telle ou telle métadonnée, et nous serons à même de les protéger puisque nous en détiendrons les droits. Nos propositions visent surtout à encadrer les modes de commercialisation de ces fichiers afin d'en conserver le contrôle pour protéger les auteurs.

Le Conseil d'analyse de la société – Les trois solutions que vous préconisez, sur lesquelles vous semblez l'un et l'autre d'accord, me paraissent très convaincantes à un détail près : vous n'avez pas réellement répondu à la question de Luc Ferry sur la concurrence de Google ou d'Amazon. À supposer que les trois grandes exigences que vous mettez en avant soient satisfaites, reste ensuite l'attitude du consommateur et la question de savoir quelle plate-forme il va élire pour commander ses livres ou ses fichiers. Si je m'en réfère à ma propre pratique, pourquoi vais-je sur Amazon pour acheter des disques ou des livres ? Parce qu'on y trouve des œuvres ailleurs introuvables, soit épuisées, soit commercialisées il y a longtemps. Or Amazon vous en déniche toujours un exemplaire. J'y trouve en outre des produits sortis à l'étranger à des prix souvent inférieurs à ceux du marché. Ces sites-là ont d'ores et déjà coordonné une offre très riche. Non pas que nous ne serez pas capables de mettre en place une offre comparable sur votre plate-forme unique, mais encore faut-il s'y mettre ! Mutualiser l'offre des éditeurs français ne suffira pas pour que votre plate-forme soit plébiscitée par une majorité d'internautes.

Teresa Cremisi – Amazon aura le droit de distribuer nos fichiers en vendant le lien qui conduira l'usager sur notre plate-forme : nous traiterons avec la firme américaine comme nous traitons avec une très grande librairie : elle touchera une commission. Une fois que nous aurons mis en place notre plate-forme, nous déciderons nous-mêmes de notre politique commerciale et Amazon aura immédiatement accès aux liens.

Le Conseil d'analyse de la société – Ce principe, toutefois, ne vaut pas pour les œuvres tombées dans le domaine public, même si celles-ci ne représentent en moyenne que 5 % du chiffre d'affaires d'un éditeur français. Amazon ou Google seront donc en mesure de vendre les œuvres de Freud en procédant à des rabais de 80 % s'ils le souhaitent.

Teresa Cremisi – Sur le hors droits, ils pourront en théorie pratiquer un discount libre, mais ce ne sera pas du tout dans leur intérêt parce qu'ils n'arriveront pas à de gros chiffres. En outre, sur les œuvres de Freud ou des grands classiques en général, il y a presque toujours des droits à acquitter car il faut alors racheter la traduction, la préface d'un tel, l'appareil critique, les notes de bas de page, etc.

Le Conseil d'analyse de la société – Avez-vous des indications précises sur les préférences des lecteurs entre le numérique et le papier ? Prenons l'exemple des encyclopédies : il me semble de plus en plus absurde de publier des encyclopédies sur support papier. Or Universalis continue de commercialiser une version imprimée. En ce qui concerne la littérature générale, le numérique pourrait-il par ailleurs devenir une sorte de produit d'appel pour la vente du livre papier ? J'observe, dans ma pratique quotidienne, que lorsque je reçois un e-mail important ou que je me rends sur une page Web contenant des informations dont je suis susceptible de me servir, j'en fais aussitôt un tirage papier de façon à les classer et à les conserver, sans quoi je me retrouve avec un puits sans fond et je ne parviens pas à en garder la trace. Pour le livre, n'est-ce pas un peu la même chose ? Quand le papier numérique sera vraiment au point, ne risque-t-il pas de devenir un sérieux concurrent ? « Les livres s'ouvrent toujours aux pages dont on a besoin », disait Montaigne. Pour une raison très simple : nous avons l'habitude de les pratiquer. Croyez-vous que les index électroniques, aussi sophistiqués soient-ils, en viendront à remplir la même fonction ?

Teresa Cremisi – Je l'ai dit, nous sommes incontestablement au début d'une gigantesque révolution où rien n'est à exclure : des habitudes de lecture très hétérogènes se développeront selon les préférences des individus ou des groupes, lesquels peuvent avoir des niveaux d'exigence intellectuelle très différents. Nous allons assister à une accumulation et à une diversification des usages du livre et de la lecture, usages qui, je l'ai dit, contribuent déjà à faire revivre nos fonds. Sur ce point, je reste optimiste. Là où je serais plus pessimiste – et j'inciterais d'ailleurs mes collègues à l'être davantage, eux aussi –, c'est sur la prudence commerciale. D'autant que, comme le souligne Bernard Fixot, toute erreur ou toute initiative malheureuse représente à ce stade un dérapage sur lequel on ne reviendra jamais.

Le Conseil d'analyse de la société – Le problème, c'est que nous ne savons pas trop de quoi nous parlons : nous raisonnons à partir de ce qu'est le livre numérique aujourd'hui sans pouvoir mesurer ce qu'il sera demain. Deuxième difficulté : comment comptez-vous imposer aux gens de se rendre sur votre future plate-forme commune plutôt que sur une autre boutique de livres en ligne ? On ne peut rien imposer aux internautes, qui iront là où c'est le plus « fun », le plus pratique, le plus rapide et le moins cher.

Le Conseil d'analyse de la société – J'ai eu entre les mains une tablette de lecture électronique et je dois dire que j'ai trouvé l'objet absolument extraordinaire. Il me semble donc que la question n'est pas de savoir ce que les *fashion victims* qui lisent peu d'ordinaire feront des 3 500 livres téléchargés sur leur tablette. L'enjeu est ailleurs : je ne vois pas, en effet, par quel miracle nous allons pouvoir contenir le déferlement des tablettes électroniques et leur achat par de vrais lecteurs, la perspective de pouvoir emmener en voyage ou en vacances 10 ou 15 livres plutôt que 3 constituant un énorme progrès. Par ailleurs, je ne comprends pas bien comment les libraires pourront survivre à plus ou moins brève échéance, à l'horizon des cinq ou dix prochaines années ?

Bernard Fixot – En plus de la vente de fichiers numériques, les libraires continueront longtemps à vendre des livres imprimés. Sur le plan technologique, la tablette qui vous permettra de lire un roman sous un arbre un après-midi d'été, de revenir très facilement en arrière, d'aller voir les dernières pages pour savoir si l'histoire se finit bien, etc., n'est pas encore née. Quand nous aurons à notre disposition une tablette fonctionnant sans piles que nous pourrons promener avec nous en toutes circonstances, alors la situation sera peut-être différente. Pour l'heure, il n'y a rien de mieux, technologiquement, que le livre de poche !

La « novlangue »
du livre numérique
Les cinquante mots indispensables

Voici les cinquante mots absolument nécessaires, y compris dans le domaine de la littérature générale, pour quiconque doit aujourd'hui se lancer dans l'édition numérique. Ce glossaire, établi par Patrick Gamdache (qui pilote tous les projets numériques chez Flammarion) et ses collaborateurs, nous a été offert par Teresa Cremisi. Il prouve bien, explique-t-elle, qu'« un monde nouveau est en train de s'ouvrir pour le livre ». L'apparition de termes jusque-là inconnus « ne donne pas seulement l'impression ou la sensation d'un bouleversement dans nos habitudes éditoriales, mais bien la certitude que la révolution du livre numérique est d'ores et déjà en marche ».

Afnor (Association française de normalisation). Représentant français de l'ISO (Organisation internationale de normalisation) qui propose différentes normalisations dans les domaines suivants : information et documentation, technologies de l'information, applications des nouvelles technologies en information, documentation et édition (http ://www.afnor.fr).
Voir Norme, ISO, Onix.

Agrégateur. Logiciel ou application Web qui permet à l'internaute de s'abonner à des fils RSS ou équivalents, de recevoir automatiquement

et regroupé dans une même fenêtre le nouveau contenu des fils répertoriés, provenant de plusieurs sources, et de le lire dès qu'il est disponible.
Voir Formats de fichiers, RSS, Podcast.

ASCII (*American Standard Code for Information Interchange*). Standard minimal de 128 caractères alphanumériques utilisés pour les échanges d'informations texte. Binaire, le code ASCII de chaque lettre est composé de 7 bits (A = 1000001, B = 1000010, etc.). Les alphabets européens sont représentés par des versions étendues de l'ASCII, codées sur 8 bits, afin de prendre en compte les caractères accentués.
Voir Codage de caractères, ISO Latin 1, Unicode, Norme.

Codage de caractères. Ensemble des règles lexicales d'écriture et de création des fichiers numériques. Différents types de codes existent : ASCII, ISO Latin 1, Unicode, etc.
Voir XML, ASCII, ISO Latin 1, Unicode, Norme, Numérisation.

DHTML (*Dynamic HTML* – langage HTML dynamique). Issu des développements récents réalisés par Netscape et Microsoft, qui utilisent un ensemble de feuilles de style en cascade et un langage de script en code machine comme Visual Basic script et Javascript afin de fusionner le document HTML avec la feuille de style. Permet un plus grand contrôle créateur sur la présentation visuelle d'une page HTML et permet à la page de réagir de façon dynamique, sans un appel au serveur, pour les événements produits par les utilisateurs.
Voir HTML, Java.

DRM (*Digital Rights Management* – gestion des droits numériques). La DRM identifie la propriété intellectuelle (ISBN et normes du même type identifiant les livres, périodiques enregistrements audio, etc.) et fournit un cadre (ensemble de règles décrivant l'usage acceptable) qui permet de faire respecter les restrictions sur l'usage des données protégées ou de les exploiter. Permet de défendre techniquement la propriété intellectuelle des images, des textes et des vidéos que l'on diffuse sur Internet.
Voir DOI, HTML, Métadonnées.

DOI (*Digital Object Identifier* – identificateur d'objets numéri-ques). En voie d'élaboration par l'Association of American Publishers (AAP) et la Corporation for National Research Initiatives (CNRI) afin d'identifier les objets numériques, qui pourraient être des livres, des chapitres, des articles, des images, des enregistrements, des vidéos ou toute autre œuvre de création, principalement à des fins de gestion efficace des droits et du commerce numérique. Ressemble à l'ISBN dans sa formulation : un composant à la gauche de la barre oblique dénote le préfixe du déposant, et un composant à la droite de la barre est l'identificateur unique de l'objet, tel que désigné par le déposant (par exemple, 10.65478/45920). Certains éditeurs ont commencé à mettre en œuvre un prototype DOI.
Voir DRM, Métadonnées.

DTD (*Definition of Type of Document* – définition du type de document). Description de la structure logique d'un document, correspondant le plus souvent à un format MARC (*Machine Readable Catalogue*). Fichier structurel défini en amont (instance de formalisation) qui conditionne le contenu (instance XML par exemple) et la forme (feuille de style CSS par exemple). Premier niveau d'un fichier XML, ePub, etc.
Voir XML, ePub, SGML, HTML.

Langage DSSSL (*Document Style, Semantic and Specification Language*). Langage de style, de sémantique et de spécifications de document (ISO10179), norme associée au langage SGML qui précise les règles d'un langage ouvert afin de régir l'apparence et le style des composantes logiques définies par le langage SGML (par exemple les en-têtes de chapitres).
Voir SGML, Norme.

Dublin Core. L'ensemble d'éléments de métadonnées Dublin Core consiste en 15 éléments descriptifs relatifs au contenu, à la propriété intellectuelle et à l'« instanciation ». Les éléments sont le titre, le créateur, l'éditeur, le sujet, la description, la source, la langue, la relation, la couverture, la date, le type, le format, l'identificateur, le collaborateur et les droits.

Ils doivent être fournis par le producteur de la ressource. Le Warwick Framework établit une approche conceptuelle en vue de mettre en œuvre le Dublin Core, approche qui intègre les données dans un document HTML utilisant une étiquette MÉTA. Dublin Core fait l'objet de nombreuses discussions le nombre de projets l'intégrant va croissant.
Voir HTML, XML, SGML, Métadonnées.

e-book. Anglicisme utilisé aussi bien pour le livre numérique (version numérisée d'un livre) que pour le livre électronique (appareil de lecture permettant de lire à l'écran des livres numériques).
Voir Encre électronique, Papier électronique.

Encre électronique. Pigments qui réagissent à des impulsions électriques pour se positionner sur une surface et y afficher ainsi un texte ou une image stables. Une fois fixée, l'image ne consomme plus d'électricité, et l'autonomie de l'appareil se calcule en fonction du nombre de pages tournées (d'images générées).
Voir e-book, Papier électronique.

ePub. Format de fichier développé par l'IDPF qui est en voie de devenir le standard pour l'édition électronique. Largement démocratisé par les liseuses de Sony (PRS 505 et 700) et les logiciels pour iPhone (avec le couple Stanza/Feedbooks en tête), le ePub est né à partir du XML. Les fichiers ePub sont des structures containers qui intègrent différents fichiers (instance, structure, métadonnées…). Le fichier ePub est une adaptation du XML aux contraintes de l'édition électronique.
Voir Formats de fichiers, XML, IDPF.

Formats de données. Manière utilisée en informatique pour représenter des données sous forme de nombres binaires. C'est une convention (éventuellement normalisée) utilisée pour représenter des données, soit des informations représentant un texte, une page, une image, un son, un fichier exécutable, etc.
Voir Codage de caractères, Formats de fichiers.

Formats de fichiers. Lorsque les données sont stockées dans un fichier, on parle de format de fichier. Une telle convention permet d'échanger des données entre divers programmes informatiques ou logiciels, soit par une connexion directe, soit par l'intermédiaire d'un fichier. On appelle interopérabilité cette possibilité d'échanger des données entre différents logiciels. Les formats usuels sont des formats :
– de textes propriétaires (Word, Wordperfect, RTF, etc.),
– de description de pages (PostScript, PDF, etc.),
– de documents structurés (SGML, DSSSL, XML, HTML, DHTML, etc.),
– d'images fixes (GIF, JPEG, TIFF, PNG, etc.),
– d'images animées (QuickTime, AVI, etc.),
– sonores (AIFF, RIFF WAVE, etc.),
– multimédias et interactifs (ShockWave, Java-Active X).
Voir Interopérabilité, Format de données, RTF, PostScript, PDF, SGML, DSSSL, XML, HTML, DHTML, GIF, JPEG, TIFF, PNG, ShockWave, Java.

Freeware. Logiciel gratuit. Selon les cas, il appartient au domaine public ou bien son auteur en conserve le copyright. Ne pas confondre avec Shareware (un logiciel téléchargeable qui doit être acheté à l'auteur après une période d'essai gratuite).
Voir Shareware.

GIF (*Graphics Interchange Format* – format de transfert des graphiques). Format d'image très utilisé qui permet un bon affichage sur la plupart des systèmes informatiques, mais est limité à 256 couleurs. Il utilise une technique de compression sans perte et rend disponibles des fichiers relativement petits pour affichage immédiat avec des textes dans les documents Web, il est donc couramment utilisé pour les barres d'outils, les icônes et les images intégrées. Il peut être « entrelacé » (toute l'image est affichée avec clarté au lieu d'un affichage séquentiel ligne par ligne). Une couleur peut être transparente (convient aux images/icônes flottantes sur fond d'écran). Il convient mieux que le format JPEG pour obtenir des lignes nettes, des images noir et blanc et en divers tons de gris.
Voir Formats de fichiers, JPEG, TIFF, PNG.

Gopher. Le gopher est un système d'information à base de menus textuels à plusieurs niveaux. Dans le cas des bibliothèques numériques de première génération, il s'agissait d'un ensemble d'index permettant l'accès au texte intégral des documents.
Voir Métadonnées.

HTML (*Hypertext Markup Language*). Le HTML est le format de données conçu pour représenter les pages Web. Il permet notamment d'implanter de l'hypertexte dans le contenu des pages et repose sur un langage de balisage, d'où son nom. Le HTML permet aussi de structurer sémantiquement et de mettre en forme le contenu des pages, d'inclure des ressources multimédias dont des images, des formulaires de saisie, et des éléments programmables (applets). Il permet de créer des documents interopérables avec des équipements très variés de manière conforme aux exigences de l'accessibilité du Web, et propose notamment des liens hypertextes ou hypermédias vers d'autres documents, incluant des images et documents sonores. Le HTML est une sorte de version réduite d'un jeu d'étiquettes du langage SGML.
Sa DTD fournit un ensemble de styles de plates-formes indépendantes (définies par les étiquettes) utilisées pour définir les composantes d'un document Web. Alors que les étiquettes HTML sont principalement liées à la structure, il existe de plus en plus d'étiquettes acceptées pour préciser la présentation et la disposition. Néanmoins le HTML utilise un système de balises essentiellement liées à la forme. Langage du Web et des développeurs, il n'est pas suffisant pour structurer intellectuellement les contenus de plus en plus variés : c'est pour cela qu'on a créé le XML, qui intègre des balises de formes, mais aussi de contenus signifiants.
Voir Interopérabilité, Formats de fichiers, SGML, DTD, XML.

HTTP (*Hypertext Transfer Protocol*). Protocole de transfert des pages hypertextes sur le Web. Principe de base du Web. Système permettant de relier entre eux des documents textuels au moyen de liens hypertextes qui, d'un simple clic de souris, permettent l'accès à un autre document. Les liens hypertextes sont en général soulignés et d'une couleur différente de celle du texte.
Voir Hyperlien, Hypermédia.

Hyperlien. Un hyperlien peut être un lien hypertexte ou un lien hypermédia.
Voir HTTP, Hypermédia.

Hypermédia. Système utilisant des liens – appelés donc liens hyper-médias – permettant l'accès à des graphiques, des documents audio et vidéo, et des images animées, de la même façon que les liens hypertextes relient entre eux des textes ou des images.
Voir HTTP, Hyperlien.

IDPF (International Digital Publishing Forum). Consortium industriel international fondé en janvier 2000 pour regrouper constructeurs, concepteurs de logiciels, éditeurs, libraires et spécia-listes du numérique (85 participants en 2002). S'appelait avant 2005 l'Open eBook Forum. A développé en 1999 le format Open eBook (OeB), un standard de livre numérique basé sur le langage XML et défini par l'OeBPS (open ebook publication structure).
Voir e-book, Open eBook, XML, IDPF.

Interopérabilité. L'interopérabilité est une notion centrale dans l'univers numérique. C'est autour de ce principe que sont conceptuali-sés les normes et les formats de fichiers. L'interopérabilité désigne la capacité que possède un produit ou un système, dont les interfa-ces sont intégralement connues, à fonctionner avec d'autres pro-duits ou systèmes existants ou futurs.
Voir Formats de fichiers, Norme.

ISBD (*International Standard Bibliographical Description*). Cette norme pour la notice bibliographique d'un document a été conçue par l'IFLA (International Federation of Library Associations and Institutions) en 1977 pour l'échange de données bibliographiques à l'échelon international.
Voir Norme.

ISO (International Organization for Standardization – Organisa-tion internationale de normalisation). L'ISO est un organisme qui définit les normes permettant de faciliter l'échange international

de biens et de services, et de développer la coopération internationale dans divers domaines : économique, intellectuel, scientifique et technologique. Par exemple, la norme ISO-Latin-1 définit l'extension des caractères ASCII pour le français. Une norme internationale est développée par un comité technique de l'ISO (TC) ou un sous-comité (SC), elle est réexaminée au moins une fois tous les cinq ans.
Voir Norme, Afnor, Onix.

ISO-Latin-1. Norme de codage de caractères (ISO8859-1 : 1987, partie I). Correspond à l'extension de l'ASCII pour le français. « Latin-1 » est le jeu de caractères le plus utilisé d'ISO 8859-n (n = 1-9), une série de 9 caractères alphabétiques à 8 bits, pour un total de 256, et est destiné principalement aux langues européennes. Utilisé par Windows.
Voir Codage de caractères, ASCII, Unicode, Norme, ISO.

Java. Langage de programmation HTML créé par Sun en 1995 pour permettre des images animées, ce qui a rendu les pages Web beaucoup plus vivantes que par le passé, mais n'a pas toujours contribué à leur clarté. Une des fonctions du langage de programmation Java, de Sun Microsystems, ou d'Active X de Microsoft, est de soutenir la transmission en continu de données multimédias à multifenêtres. Microsoft et Netscape ont intégré les deux technologies dans leurs navigateurs.
Voir HTML, Formats de fichiers.

JPEG (*Joint Photographics Expert Group* – groupe mixte d'experts en photographie). Format de compression à qualité contrôlée. Plus de 16 millions de teintes de couleurs sont disponibles. Convient mieux que le format GIF pour les images réelles comme les photographies couleurs.
Voir Formats de fichiers, GIF, TIFF, PNG.

Linux. Contraction de Linus (Linus Torvalds, son créateur) et d'Unix, le système d'exploitation dont Linux est dérivé. Ce système d'exploitation pour ordinateurs personnels (PC) est un logi-

ciel libre diffusé gratuitement sur l'Internet, ce qui permet à tout programmeur de participer à son élaboration. D'abord utilisé par les développeurs de logiciels, les universités et les fournisseurs d'accès à l'Internet, il a ensuite gagné les entreprises et le grand public, et concurrence maintenant le système d'exploitation de Microsoft.
Voir Freeware, Navigateur.

Livre électronique. Appareil de lecture permettant de lire à l'écran des livres numériques. Synonyme de Net Book.
Voir HTML, Web.

Livre numérique. Version numérisée d'un livre. Synonyme d'e-book.
Voir e-book, Open eBook, Encre électronique, Papier électronique.

Métadonnées. Les métadonnées représentent une des différences essentielles entre le contenu sur un support classique (papier, etc.) et un support numérique. Elles contiennent en effet des informations sur la source du document (titre, auteur, date, sujet, éditeur, etc.), sa nature (monographie, périodique, etc.), son contenu informationnel (descripteurs, mots clés, résumé) et sa localisation physique (la cote). Les métadonnées sont, dans le cadre du Web sémantique, des données signifiantes qui permettent de faciliter l'accès au contenu informationnel d'une ressource, formant une sorte de notice de contenu intégrée (dans l'en-tête des documents HTML côté code source ou en tant que fichier XML autonome par exemple). La dénomination correspond au moins à une quinzaine d'éléments, répartis autour de trois domaines, permettant d'identifier et de décrire les ressources documentaires.

• Contenu : titre, sujet, description, source, langue, relation, couverture.

• Propriété intellectuelle : créateur, éditeur, contributeur, droits (droits d'auteur, etc.).

• Matérialisation : date, type, format, identifiant.

Les métadonnées sont un élément essentiel de l'architecture Web.
Voir Dublin Core, TEI Headers, DRM, Numérisation.

Norme. Protocole mettant en place les conditions d'interopérabilité des fichiers. Définie par des instances internationales (ISO étant la principale), elle pose les modalités pour l'échange international de biens et de services et le développement de la coopération internationale dans divers domaines (économique, intellectuel, scientifique et technologique).
Voir ISO, Afnor, ONYX, Interopérabilité, Formats de fichiers.

Numérisation. Codification d'informations (textes, images et sons) en langage généralement binaire (0 ou 1) pour permettre le traitement de ces informations par voie informatique (création, enregistrement, combinaison, stockage, recherche et transmission). Un procédé similaire permet désormais le traitement de l'écriture, de la musique et du cinéma alors que, par le passé, ce traitement était assuré par des procédés différents sur des supports différents (papier pour l'écriture, bande magnétique pour la musique et celluloïd pour le cinéma).
Voir Codage de caractères, Formats de fichiers.

OCR (*Optical Character Recognition* – reconnaissance optique de caractères). Technologie permettant de reconstituer un texte d'après son image numérisée.
Voir Numérisation, Formats de fichiers.

OeB (*Open eBook*). Créé en octobre 1998, ce format de livre numérique est basé sur les formats HTML et XML. La première version (1.0) de l'Open eBook Publication Structure est disponible en septembre 1999. Elle est remplacée en juillet 2001 par la version 1.0.1. Le format OeB est utilisé notamment par le Reader de Microsoft, le Gemstar eBook et le Mobipocket.
Voir HTML, XML, IDPF, e-book.

Onix. Norme internationale bibliographique pour la diffusion de métadonnées enrichies concernant des livres et d'autres documents utilisés par les bibliothèques et les éditeurs. Ses principes directeurs (*guidelines*) comprennent des spécifications de contenu, d'éléments de données, d'étiquettes et de listes de codes et une DTD type XML.

L'objectif d'Onix est de créer un standard permettant aux éditeurs d'offrir à leurs clients (libraires, diffuseurs) une information « à valeur ajoutée » sur les produits qu'ils diffusent, informations bien plus complètes (plus de 200 données possibles) que celles fournies par Dublin Core. *Stricto sensu* les données de type Onix ne sont pas des métadonnées, mais bien des éléments descriptifs sur un document disponible le plus souvent sous forme imprimée.
Voir Norme, Interopérabilité, Métadonnées, XML, DTD, Dublin Core.

Papier électronique (ou e-paper). Support informatique que constitue une feuille de plastique comportant des couches d'électrodes et d'encre utilisées pour faire apparaître des caractères alphanumériques à sa surface.
Voir e-book, Encre électronique.

PDF (*Portable Document Format* – format de documents transférables). Développement d'Adobe, le format PDF exclusif utilise l'ensemble de logiciels Acrobat pour être créé, édité, visualisé, etc. Il est indépendant du dispositif imprimeur et il soutient l'édition électronique en utilisant un formatage et des graphiques complexes, y compris des liens incorporés, des annotations, des croquis de pages et les grandes lignes de chapitres pour l'accès direct. Adobe a indiqué son intention d'intégrer la structure ainsi que la disposition en format PDF en l'étendant pour englober le langage SGML.
Voir Formats de fichiers, Interopérabilité, SGML.

PGP (*Pretty Good Privacy*). Logiciel de cryptage. Une clé de 128 bits offrirait un bon niveau de sécurité.
Voir DRM.

Podcast. Fichier au contenu radiophonique, audio ou vidéo qui, par l'entremise d'un abonnement au fil RSS, ou équivalent, auquel il est rattaché, est téléchargé automatiquement à l'aide d'un logiciel agrégateur et destiné à être transféré sur un baladeur numérique pour une écoute ou un visionnement ultérieurs.
Voir RSS, Agrégateur, Formats de fichiers.

PostScript. Langage de programmation créé par Adobe comprenant 420 opérateurs de format de commande (niveau 2) qui contrôle l'impression (mais pas l'affichage à l'écran). Permet l'impression formatée sur n'importe quelle imprimante à partir de n'importe quelle plate-forme (Windows, UNIX, etc.). Le format EPS (Encapsulated PostScript, « .eps ») est un sous-programme compris dans les fichiers PostScript, habituellement utilisé pour les images produites avec un logiciel autre que PostScript.
Voir Formats de fichiers.

Protocole. Définition de normes communes pour les échanges de données entre ordinateurs (TCP/IP, FTP, etc.) par les systèmes de télécommunications. Les normes ISO (Organisation internationale de normalisation) et UIT (Union internationale des télécommunications) permettent une normalisation des protocoles à l'échelon international.
Voir Norme, ISO, Afnor, Onix, Interopérabilité, Web.

PNG (*Portable Network Graphics* – graphiques de réseaux portables). Vise à remplacer le format GIF, et comporte des améliorations au niveau de la détection d'erreur et de la vitesse d'entrelacement, ainsi qu'un taux de compression plus grand. Format en émergence mais encore peu utilisé.
Voir Formats de fichiers, GIF, TIFF, JPEG.

RSS. Fil (flux) de syndication : fil d'information consistant en un fichier XML, généré automatiquement, dont le contenu formaté, exploitable dynamiquement par d'autres sites Web, est récupérable par l'entremise d'un agrégateur qui permet de lire le nouveau contenu de ce fil répertorié, dès qu'il est disponible.
Voir XML, Agrégateur, Podcast.

RTF (*Rich Text Format*). Créé par Microsoft, un format de fichier destiné à faciliter l'échange de documents entre différents programmes de traitement de texte, tout en conservant le formatage du texte (polices de caractère, paragraphes, etc.) lors du transfert d'un programme à un autre.
Voir Formats de fichiers, Interopérabilité.

SGML (*Standard Generalized Markup Language* – langage standard généralisé de balisage). Norme ISO (8879-1986) identifiant la structure d'un texte, avec ses caractéristiques telles qu'en-têtes, colonnes, marges ou tableaux, afin de conserver cette structure lors d'applications telles que la PAO (publication assistée par ordinateur) ou l'édition électronique. Le SGML comprend notamment les langages HTML (*hypertext markup language*) et VRML (*virtual reality markup language*). Une métalangue normalisée, ou syntaxe, conçue pour la spécification d'un nombre illimité de langages de marquage.

Un document en langage SGML comporte trois éléments : la déclaration (décrit le milieu de traitement requis) ; la définition du type de document ou DTD (un renvoi défini qui forme un gabarit pour la description de la structure et du contenu d'un type particulier de document) ; et la suite de documents elle-même.

Le langage SGML est indépendant de tout système, appareil, langage ou application et, parce qu'il sépare la définition du contenu d'un document de la présentation, il permet un accès ou une présentation des renseignements de manières qui n'étaient pas prévisibles lors du marquage. Les logiciels de visualisation du langage SGML analysent et interprètent le contenu du document SGML selon les directives DTD. On s'attend à ce que le langage SGML devienne une norme importante dans le développement de la bibliothèque numérique.
Voir HTML, XML, DTD.

Shareware. Logiciel téléchargeable soumis au copyright et qui doit être acheté à l'auteur, le plus souvent à prix modique, après une période d'essai gratuite. Ne pas confondre avec freeware (qui est un logiciel gratuit appartenant au domaine public ou dont l'auteur conserve le copyright).
Voir Freeware.

ShockWave. Le produit multimédia de Macromedia soutient les jeux, les interfaces d'animation, les annonces interactives, les démonstrations et une sortie audio de qualité disque compact. Compris dans Netscape Navigator et Microsoft Explorer.
Voir Java, Formats de fichiers, VRML.

SICI (*Serial Item and Contribution Identifier* – identificateur d'articles et de contributions à des publications en série). En voie d'élaboration afin d'identifier les questions relatives aux publications en série et uniquement les articles, sans égard au support de diffusion (papier, électronique, microforme).
Voir Métadonnées.

TCP (*Transmission Control Protocol*). Protocole de transport utilisé dans la plupart des applications Internet. Ensemble de protocoles permettant le transport de données sur l'Internet.
Voir Web, Interopérabilité.

TEI Headers (en-têtes de l'initiative d'encodage de texte). Les en-têtes des documents TEI (un langage SGML, définition de type de document) définissent habituellement des ressources érudites telles que la prose, les vers, les pièces de théâtre, les dictionnaires, etc. Ce sont des métadonnées décrivant le fichier (mention du titre, instruction sur la publication, la description de la source), son encodage, les renseignements sur ses mises à jour, etc. Le TEI est de plus en plus utilisé.
Voir Métadonnées, Dublin Core, SGML, DTD.

TIFF (*Tagged-Image File Format* – format d'étiquette de fichier image). Emmagasine une très grande quantité de renseignements à propos d'une image. Soutient différents types de compression (à qualité contrôlée et sans perte). Très utilisé, mais est principalement un format intermédiaire.
Voir Formats de fichiers, GIF, JPEG, PNG.

Unicode. Système de codage créé en 1998, Unicode spécifie un nombre unique pour chaque caractère, quels que soient la plate-forme, le logiciel et la langue utilisés. Alors que l'ASCII étendu à 8 bits pouvait prendre en compte un maximum de 256 caractères, Unicode traduit chaque caractère en 16 bits et peut donc prendre en compte plus de 65 000 caractères uniques, et traiter informatiquement tous les systèmes d'écriture de la planète. Code de caractères à 16 bits visant à couvrir tous les systèmes d'écriture du monde.

N'est pas mis en œuvre à grande échelle en ce moment, bien que XML le soutienne.
Voir Codage de caractères, ASCII, ISO-Latin-1, Norme.

VRML (*Virtual Reality Modeling Language*). Langage permettant de créer sur une page Web des images en trois dimensions (3D), qui sont donc des espaces virtuels dans lesquels l'internaute peut se déplacer.
Voir HTML, Java, ShockWare.

Web. Une des applications les plus utilisées de l'Internet. Pour le définir d'une façon très schématique, le Web est à la fois un ensemble de protocoles, qui permettent aux machines connectées de dialoguer entre elles (HTTP est le plus répandu de ces protocoles) et de formats, qui permettent aux outils adaptés à la consultation des ressources Web – comme les navigateurs – de lire les informations contenues dans les pages consultées *via* les protocoles.
Jusqu'à présent, le plus répandu de ces formats est le format HTML. Comme beaucoup de formats, HTML utilise des « balises », autrement dit des « marqueurs » qui permettent aux navigateurs de savoir comment afficher et traiter les informations contenues dans les pages.
Voir http, HTML, Protocole, Formats de fichiers.

XML (*eXtensible Markup Language* – langage de balisage extensible). Le XML est un langage informatique de balisage générique. C'est un standard favorisant l'échange automatisé d'informations et de contenus entre des systèmes d'information hétérogènes (interopérabilité). Conçu en 1996, le XML correspond à un sousensemble réduit et simplifié du langage SGML. C'est un profil d'application métalangue, plus simple à utiliser que le langage SGML (pour donner un ordre d'idée, il réduit un document de référence de 500 pages à 26). Contrairement au langage HTML, le langage XML soutient (de façon facultative) les étiquettes et les attributs définis par l'utilisateur, permet l'emboîtement dans les documents à n'importe quel degré de complexité, et peut contenir une description facultative de sa grammaire pour être utilisée par les applications qui ont besoin d'exécuter une validation structurelle.

Chaque document en langage XML valide doit être un document conforme en langage SGML. Le XML ne vise pas à supplanter le langage HTML mais à le compléter. Le jeu de caractères du langage XML est Unicode. Ce langage fait présentement l'objet de discussions importantes et les lancements futurs des navigateurs MS Internet Explorer et Netscape peuvent être validés par le XML. *Voir* Interopérabilité, SGML, HTML, Unicode.

Table

DANS LA MÊME COLLECTION

Luc Ferry, *Pour un service civique*, 2008.

Luc Ferry, *Combattre l'illettrisme*, 2009.

Luc Ferry, *Face à la crise. Matériaux pour une politique de civilisation*, 2009.

Luc Ferry, Axel Kahn, *Faut-il légaliser l'euthanasie ?*, 2010.

Michel Foucher, *L'Europe et l'Avenir du monde*, 2009.

Étienne Klein, *Le Small Bang. Des nanotechnologies*, 2011.

Gilles Lipovetsky, Jean Serroy, *La Culture-monde. Réponse à une
société désorientée*, 2008.

Imprimé par Lightning Source France
1 avenue Gutenberg
78310 Maurepas

N° d'édition : 7381-2575-Y